广东省土壤修复工程造价指引

Guidelines for the Cost of Soil Remediation Projects in Guangdong Province

▶ 朱志华　石　杰　伍　捷　编著

华南理工大学出版社
SOUTH CHINA UNIVERSITY OF TECHNOLOGY PRESS

·广州·

图书在版编目（CIP）数据

广东省土壤修复工程造价指引 / 朱志华，石杰，伍捷编著 . —广州：华南理工大学出版社，2021.11

　ISBN 978-7-5623-6818-2

　Ⅰ.①广⋯　Ⅱ.①朱⋯　②石⋯　③伍⋯　Ⅲ.①污染土壤－修复－工程造价－案例－广东　Ⅳ.①X53

中国版本图书馆 CIP 数据核字（2021）第 164367 号

广东省土壤修复工程造价指引

朱志华　石　杰　伍　捷　编著

出 版 人：卢家明
出版发行：华南理工大学出版社
　　　　　（广州五山华南理工大学 17 号楼，邮编 510640）
　　　　　http://hg.cb.scut.edu.cn E-mail: scutc13@scut.edu.cn
　　　　　营销部电话：020-87113487　87111048（传真）
责任编辑：肖妮延　林起提
责任校对：盛美珍
印 刷 者：佛山市浩文彩色印刷有限公司
开　　本：787mm×1092mm　1/16　印张：12　字数：285 千
版　　次：2021 年 11 月第 1 版　2021 年 11 月第 1 次印刷
定　　价：98.00 元

编 委 会

序　一

　　土壤是地球关键带的核心要素，是物质循环和能量交换的重要场所，也是环境污染防治的核心介质。土壤环境安全是确保人们吃得放心、住得安心的重要基础。土壤污染防治是复杂的系统性工程，我国土壤污染防治历史欠账较多、研究起步较晚、技术适应性较差，亟需在基础理论及关键技术上有所突破，为土壤污染科学防治与绿色治理奠定基础。

　　随着我国土壤污染防治行动计划和《中华人民共和国土壤污染防治法》的全面实施，土壤污染修复产业规模逐步扩大。建立科学的市场化运行体制机制是土壤修复行业健康发展的关键要素，土壤修复工程造价则是项目运作的重要基础。作者通过广泛征集并分析建设用地土壤修复工程案例，试图利用市场化手段有针对性地解决土壤修复工程造价影响因素多、价格体系复杂等问题，本着实事求是、切合市场的原则，融合土壤环境技术、土木工程实施、造价分析管理以及软件开发应用四个方面，编制了《广东省土壤修复工程造价指引》。本书具有较高的实用价值，对构建适合我国国情的土壤环境安全的产业化支撑体系有促进作用。

2021 年 11 月 16 日

序 二

随着 2019 年《中华人民共和国土壤污染防治法》的颁布实施和广东省特别是广州等城市更新改造工作的快速推进，工业场地再开发利用的土壤修复需求不断扩大，土壤修复行业蓬勃发展，市场规模不断扩大。然而，国内土壤修复行业发展时间短，技术标准不统一，报价方式和价格体系混乱，造成土壤修复造价参差不齐，甚至产生结算纠纷。但是，国家、省、市均未出台有关土壤修复的工程造价指引或定额，工程结算缺乏依据，同时从业单位良莠不齐，在一定程度上严重制约了土壤修复行业的发展。

为促进广东省土壤修复行业的良性发展，规范土壤修复工程市场价格体系，解决政府部门、建设业主、从业企业在土壤修复工程中预算编制、结算决算等方面的实际问题，由广州市节能环保技术应用交流促进会牵头，在广东省建设工程标准定额站、广东省环保产业协会、省市造价协会的指导下，现组织环保、造价、工程、检测等领域的企业和专家开展《广东省土壤修复工程造价指引》（以下简称《指引》）的编制工作。

本《指引》在全国范围内征集了 60 余个土壤修复工程案例，涵盖主要的污染类型和修复工艺。按照国家、广东省关于场地土壤修复工作的要求和标准，在对案例进行充分研究和分析的基础上，运用工程造价的方法，结合土建工程造价体系和现行定额，根据不同的污染类型、修复技术、工艺工法对土壤修复工程造价体系进行了系统性的解构。一是全面梳理各类修复工艺的工程量清单，并按工作流程和施工工艺对全体系的分部分项工程进行了分析、分类。二是对工程量清单内的分部分项工程进行拆解、细化，统一各项目的特征描述，并按照土建工程和环保工程两个类别进行分类编制。三是运用综合分析、市场询价、行业比价等方法，对工程量清单进行综合单价分析，明确各子项子目造价的计算方式、计算标准、计算依据、市场价格等核心内容。四是委托专业造价软件公司同步开发配套造价软件，并与现行土建工程定额和造价体系无缝衔接。全书包括编制说明、土壤修复工程工程量清单编制规则和指引、土壤修复工程定额、造价软件使用说明等几大部分。

本《指引》的编制出版意义重大，其所开展的土壤修复工程造价体系研究，完善和更新了土壤修复的工程量清单，建立了统一、市场认可、操作性强的计价体系和标准，规范了土壤修复招投标价格和预结算编制体系。本《指引》不但满足了土壤修复市场的迫切需求，促进了土壤修复行业的良性发展，而且在全国均处于领先地位，填补了土壤修复行业的空白，同时也是工程造价体系的有效补充。

本《指引》的编写本着实事求是、切合市场的原则，集合了土壤修复、项目管理、工程造价、检验检测等相关领域的专家团队，案例征集覆盖全面，具有代表性。因此，内容中的土壤修复工程造价体系具有很强的实用性和创新性。而同步开发的配套造价软件界面友好，成熟度高，并与现行土建工程造价体系无缝衔接，具有很高的适用性和兼容度。本《指引》可以作为土壤修复工程的建设单位、项目管理单位、施工企业、造价企业以及各级财政部门评审、审计的工作依据，也可以作为土壤修复和工程造价从业人员的学习用书。

由于案例的局限性，以及参编人员的技术水平和行业发展现状，本书的编写尚有不足之处需要完善，希望能够得到同行、同业和相关部门的批评指正。在《指引》的编制过程中，得到了广东省建设工程定额站、广东省环保企业协会、广东省造价协会、广州市造价协会等单位的指导和大力支持，同时也得到了浙江大学朱利中院士、华南理工大学叶代启教授的悉心指导；除此之外，还离不开各参编企业、案例提供企业以及编制人员、专家团队的辛勤付出，在此一一表示感谢。

本书主编单位：广州市节能环保技术应用交流促进会

参编单位：华南理工大学   广东省建筑工程监理有限公司

       广州穗土环保工程有限公司   南方环境有限公司

       广东贝源检测技术股份有限公司 广西博世科环保科技股份有限公司

       广东开源环境科技有限公司   广东建伟工程咨询有限公司

       广东华穗工程咨询有限公司   广州珠合工程技术有限公司

       广东科信工程管理有限公司   广东宏茂建设管理有限公司

       广州市吉光工程造价咨询有限公司

前 言

随着我国工业化以及现代化进程的不断推进，大量的污染物进入土壤及地下水，造成严重的环境安全隐患。土壤污染不仅对生态环境及人体健康造成威胁，同时也制约着土地资源利用、房地产交易、城镇规划开发等，是我国实现可持续发展、保障国家环境安全所面临的重大环境问题。

根据 2014 年的《全国土壤污染状况调查公报》[1]，全国土壤总的超标率为 16.1%。其中，重污染企业用地超标点位占所测重污染企业用地点位的 36.3%，工业废弃场地超标点位占 34.9%。目前国内缺乏全局性的污染地块信息，但随着重点行业企业用地土壤污染调查工作的逐步展开，各省市逐步摸清土壤污染底数。据粗略统计，我国目前待修复的工业污染场地有 30 万～50 万块。总体来看，我国亟待修复的地块数量较大、类型复杂、范围较广，地块土壤修复工作任重道远。

伴随着城镇化快速发展，国家始终高度重视城镇建设过程中的土壤污染和防治问题。2004 年，国家环境保护总局办公厅下发《关于切实做好企业搬迁过程中环境污染防治工作的通知》（环办〔2004〕47 号），首次提出"一、所有产生危险废物的工业企业、实验室和生产经营危险废物的单位，在结束原有生产经营活动，改变原土地使用性质时，必须经具有省级以上质量认证资格的环境监测部门对原址土地进行监测分析，报送省级以上环境保护部门审查，并依据监测评价报告确定土壤功能修复实施方案。当地政府环境保护部门负责土壤功能修复工作的监督管理。监测评价报告要对原址土壤进行环境影响分析，分析内容包括遗留在原址和地下的污染物种类、范围和土壤污染程度；原厂区地下管线、储罐埋藏情况和土壤、地下水污染现状等的评价情况。二、对于已经开发和正在开发的外迁工业区域，要尽快制定土壤环境状况调查、勘探、监测方案，对施工范围内的污染源进行调查，确定清理工作计划和土壤功能恢复实施方案，尽快消除土壤环境污染。三、对遗留污染物造成的环境污染问题，由原生产经营单位负责治理并恢复土壤使用功能"的要求。2011 年国务院印发的《关于加强环境保护重点工作的意见》（国发〔2011〕35 号）明确提出，"被污染场地再次进行开发利用的，应进行环境评估和无害化治理"。2012 年环境保护部、工业和信息化部、国土资源部、住房和城乡建设部发布的《关于保障工业企业场地再开发利用环境安全的通知》（环发〔2012〕140 号），针对重污染企业遗留场地的土壤和地下水问题，要求排查被污染场地，对被污染场地进行修复管理以及未来的合理规划。2014 年，环境保护部颁布了《关于加强工业企业关停、搬迁及原址场地在开发利用过程中污染防治工作的通知》（环发〔2014〕66 号），要求充分认识加强工业企业关停、搬迁及原址场地在开发利用过程中污染防治工作的重要性。2016 年，随着《土壤污染防治行动计划》即"土十条"的颁布，土壤修复行业规模迅速扩大，土壤修复项目迅速增多。为防治土壤污染，规范污染场地管理，2016 年 12 月 31 日，环境保护部发布了《污染地块土壤环境管理办法》（环境保护部令第 42 号）。随着《中华人民共和国土壤污染防治法》于 2019 年 1 月 1 日正式实施，土壤修复已走向法治化道路。同年，生态环境部发布国家环境保护标准《建设用地土壤污染状况调查技术导则》（HJ 25.1—2019）、《建设用地土壤污染风险管控和修复监测技术导则》（HJ 25.2—2019）、《建设用地土壤污染风险评估技术导则》（HJ 25.3—2019）、《建设用地土壤修复技术导则》（HJ 25.4—2019）等，涵盖场地调查、风险评估、土壤修复、监测和验收过程的一系列技术标准，规范和指导建设用地土壤修复工程的各项工作。

随着社会对环境污染问题的日益重视，环境污染治理的投资规模在不断扩大。2019 年我国环境治理的投资规模约为 10 107 亿元。2010—2019 年，我国环境污染治理的投资规模如图 1 所示。

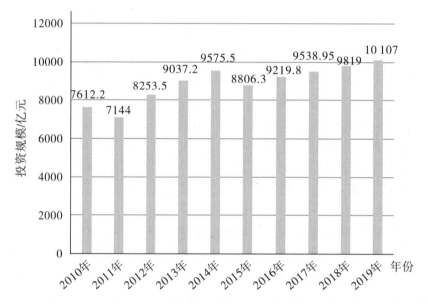

图 1　2010—2019 年中国环境污染治理投资规模及增长

信息来源：国家统计局、华经产业研究院

同时期，作为环境污染治理项目的重要组成部分，土壤修复的市场规模也在不断扩大，如图 2 所示。随着 2016 年"土十条"的颁布，土壤修复行业进入高速增长时期，当年同比增长高达 147%。随后增长速度逐步放缓，但整体市场规模扩大速率稳步向好，预计未来几年将继续保持约 25% 的增速。

建设用地的土壤修复是土壤修复领域的重要组成部分。据统计①，2020 年 1—5 月的全国土壤修复中标项目总计为 1051 个，总投资金额大约为 71 亿元。其中，建设用地修复

_____

① 信息来源：中国环境保护产业协会《土壤修复行业市场报告》（1 至 5 月）

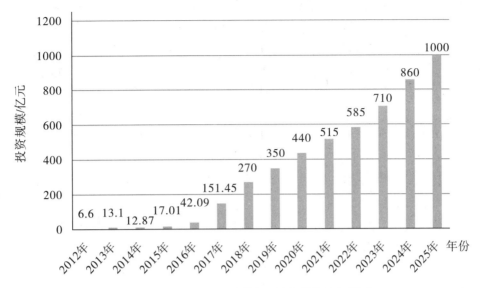

图 2　2012—2025 年土壤修复投资规模统计与预测
信息来源：国家统计局、华经产业研究院

项目有 288 个，占据 27.40%；投资金额约为 26 亿元，占项目总投资的 36.62%。

2019 年，广东省各县（市、区）皆已创建疑似污染土地明细清单，列入全国性污染地块土壤修复管理系统的土地共 1418 块，投入土壤污染防治项目资金总计 17.98 亿元。2019 年，广东省修复土壤污染防治主要监管公司共有 448 家。

然而，在采用同种修复技术的不同项目中，处理每一立方米土壤的平均价格差距较大，在某些地区甚至相差近 3 倍。即使考虑到修复工艺的差距以及两项目之间的修复情况差异，价格差距也过于悬殊。究其原因，主要在于目前土壤修复行业处于起步阶段，行业标准还在逐步完善制定之中。同时市场缺乏监管，市场价格体系有待完善，土壤污染防治责任人及从业单位对于土壤修复工程的造价管理无据可依，仅凭经验判断，造价金额可能偏离实际。价格过高使业主遭受利益损失，价格过低则影响整个行业发展，甚至有因资金缺乏导致项目难以为继的情况出现。

为解决目前土壤修复市场上价格体系相对混乱的问题，进行本《指引》的编制。本《指引》所开展的土壤修复工程造价体系研究，完善和更新了土壤修复的工程量清单，建立了统一、可行、市场认可的计价体系和标准，规范了土壤修复招投标价格和预结算编制体系。本《指引》不但满足了土壤修复市场的迫切需求，促进了土壤修复行业的良性发展，也是工程造价体系的有效补充，具有重要意义。

目　录

1　总则

1.1　编制原则

编制本《指引》主要遵循以下原则：

实用性原则：依据广东省土壤修复工程案例的实际报价情况以及本省物价水平，制订本《指引》。其价格制定充分考虑了市场的接受程度，满足实用性的同时也符合市场价值规律。

科学性原则：依据国家、省、市建设用地相关法律法规管理办法及技术规范标准，以《广东省建设工程计价依据（2018）》为基础，按照土壤修复技术和工艺方法，科学客观地对清单及定额进行补充。

针对性原则：主要针对城市更新中关停并转、破产或搬迁腾出等工业企业场地作为城市建设用地被再次开发利用的土壤修复工程。旨在为本行业相关从业单位编审设计概算、招标控制价、投标价、竣工结算价等工程造价提供参考依据，也可作为处理工程造价纠纷、鉴定工程造价的依据。

可操作性原则：根据不同的污染类型、修复技术、工艺工法对土壤修复工程造价体系进行系统性的解构。按工作流程和施工工艺对全体系的分部分项工程进行分析、分类。对工程量清单内的分部分项工程进行拆解、细化，供使用者针对项目的实际情况，形成工程的组价方案。同时本《指引》配套相关软件，方便造价人员使用。

1.2　适用范围

本《指引》适用于广东省内建设用地土壤修复项目的设计概算、招标控制价、投标价、竣工结算价等工程造价编审内容，暂不适用于农田、矿山土壤修复项目。

本《指引》可以作为土壤修复工程的建设单位、项目管理单位、施工企业、造价企业以及各级财政部门进行评审、审计的工作依据，也可以作为土壤修复和工程造价从业人员的学习用书。

2 总说明

2.1 编制依据

2.1.1 环保部分

1. 国家相关法律法规

编制本《指引》所依据的相关国家法律法规如下：

(1)《中华人民共和国环境保护法》(2015 年 1 月 1 日起施行)。

(2)《中华人民共和国城乡规划法》(2019 年 4 月 23 日修订版)。

(3)《中华人民共和国土地管理法》(2020 年 1 月 1 日起施行)。

(4)《中华人民共和国水污染防治法》(2017 年 6 月 27 日修订版)。

(5)《中华人民共和国水法》(2016 年 7 月 2 日修订版)。

(6)《中华人民共和国大气污染防治法》(2018 年 10 月 26 日修订版)。

(7)《中华人民共和国环境影响评价法》(2018 年 12 月 29 日修订版)。

(8)《中华人民共和国固体废物污染环境防治法》(2016 年 11 月 7 日修订版)。

(9)《中华人民共和国土壤污染防治法》(2018 年 8 月 31 日修订版)。

(10)《中华人民共和国土地管理法实施条例》(2014 年 7 月 29 日修订版)。

(11)《建设项目环境保护管理条例》(2017 年 7 月 16 日修订版)。

2. 国家技术规范及标准

编制本《指引》所依据的国家技术规范及标准如下：

(1)《建设用地土壤污染状况调查技术导则》(HJ 25.1—2019)。

(2)《建设用地土壤污染风险管控和修复监测技术导则》(HJ 25.2—2019)。

(3)《建设用地土壤污染风险评估技术导则》(HJ 25.3—2019)。

(4)《建设用地土壤修复技术导则》(HJ 25.4—2019)。

(5)《污染地块风险管控与修复效果评估技术导则》(HJ 25.5—2018)。

(6)《2014 年污染场地修复技术目录》(第一批)。

(7)《地下水质量标准》(GB/T 14848—2017)。

(8)《环境影响评价技术导则 地下水环境》(HJ 610—2016)。

(9)《水质样品的保存和管理技术规定》(HJ 493—2009)。

（10）《污水监测技术规范》（HJ 91.1—2019）。

（11）《地下水环境监测技术规范》（HJ/T 164—2004）。

（12）《固定源废气监测技术规范》（HJ/T 397—2007）。

（13）《环境空气质量手工监测技术规范》（HJ 194—2017）。

（14）《环境空气质量标准》（GB 3095—2012）。

（15）《危险废物鉴别技术规范》（HJ/T 298—2019）。

（16）《建设用地土壤污染风险管控和修复术语》（HJ 682—2019）。

（17）《水泥窑协同处置固体废物污染控制标准》（GB 30485—2013）。

（18）《污染场地岩土工程勘察标准》（HG/T 20717—2019）。

3．广东省污染场地技术规范与标准

编制本《指引》所依据的广东省污染场地技术规范与标准如下：

（1）《广东省污染地块治理与修复效果评估技术指南（2018）》。

（2）《广东省水污染物排放限值》（DB 4426—2001）。

（3）《广东省大气污染物排放限值》（DB 4427—2001）。

2.1.2 造价部分

1．工程造价相应法律法规

编制本《指引》所依据的工程造价方面的相应法律法规如下：

（1）《中华人民共和国建筑法》（2019 年 4 月修订版）。

（2）《中华人民共和国招标投标法》（2017 年 12 月修订版）。

（3）《中华人民共和国合同法》（1999 年 10 月 1 日起施行）。

（4）《中华人民共和国价格法》（1998 年 5 月 1 日起施行）。

（5）《中华人民共和国政府采购法》（2014 年 8 月 31 日修订版）。

（6）《建设工程质量管理条例》（2000 年 1 月 30 日起施行）。

（7）《建设工程安全生产管理条例》（2004 年 2 月 1 日起施行）。

（8）《中华人民共和国招标投标法实施条例》（2019 年 3 月 2 日修订版）。

（9）《中华人民共和国政府采购法实施条例》（2015 年 3 月 1 日起施行）。

2．工程造价编制规范及标准

编制本《指引》所依据的工程造价编制规范及标准如下：

（1）《广东省房屋建筑与装饰工程综合定额（2018）》。

（2）《广东省通用安装工程综合定额（2018）》。

（3）《广东省市政工程综合定额（2018）》。

（4）《建设工程工程量清单计价规范》（GB 50500—2013）。

2.2 术语与定义

1. **场地治理修复**（site cleanup and remediation）

采用工程、技术和政策等管理手段，将场地污染物移除、削减、固定或将风险控制在可接受水平的活动。

2. **土壤修复**（soil remediation）

采用物理、化学或生物的方法固定、转移、吸收、降解或转化场地土壤中的污染物，使其含量降低到可接受水平，或将有毒有害的污染物转化为无害物质的过程。

3. **原位修复**（in-situ remediation）

不移动受污染的土壤或地下水，直接在场地发生污染的位置对其进行原地修复或处理。

4. **异位修复**（ex-situ remediation）

将受污染的土壤或地下水从场地发生污染的原来位置挖掘或者抽提出来，搬运或转移到其他场所或位置进行治理修复。

5. **修复技术**（remediation technology）

可用于消除、降低、稳定或者转化场地中目标污染物的各种处理、处置技术，包括可改变污染物结构，降低污染物毒性、迁移性或数量与体积的各种物理、化学或生物学技术。

6. **物理修复**（physical remediation）

根据污染物的物理性状（如挥发性）及其在环境中的行为（如电场中的行为），通过机械分离、挥发、电解和解吸等物理过程，消除、降低、稳定或转化土壤中的污染物。

7. **化学修复**（chemical remediation）

利用化学处理技术，通过化学物或制剂与污染物发生氧化、还原、吸附、沉淀、聚合、络合等反应，使污染物从土壤或地下水中分离、降解、转化或稳定成低毒、无毒、无害等形式（形态），或形成沉淀除去。

8. **建设用地土壤污染风险筛选值**（risk screening values for soil contamination of land for construction）

建设用地土壤污染风险筛选值指在特定土地利用方式下，建设用地土壤中污染物含量等于或者低于该值的，对人体健康的风险可以忽略；超过该值的，对人体健康可能存在风险，应当开展进一步的详细调查和风险评估，确定具体污染范围和风险水平。

9. **建设用地土壤污染风险管制值**（risk intervention values for soil contamination of land for construction）

建设用地土壤污染风险管制值指在特定土地利用方式下，建设用地土壤中污染物含量超过该值的，对人体健康通常存在不可接受的风险，应当采取风险管控或修复措施。

10. **污染土**（contaminated soil）

污染土指场地土壤中污染物含量超过建设用地土壤污染风险管制值，需要进行修复的土壤。

11. **固化/稳定化**（solidification/stabilization）

将污染土壤与能聚结成固体的材料（如水泥、沥青、化学制剂等）相混合，通过形成晶格结构或化学键，将土壤或危险废物捕获或者固定在固体结构中，从而降低有害组分的移动性或浸出性。其中，固化是将废物中的有害成分用惰性材料加以束缚的过程，而稳定化是将废物的有害成分进行化学改性或将其导入某种稳定的晶格结构中的过程，即固化通过采用具有高度结构完整性的整块固体将污染物密封起来以降低其物理有效性，而稳定化则降低了污染物的化学有效性。

12. **土壤淋洗**（soil washing）

将可促进土壤污染物溶解或迁移的化学溶剂注入受污染土壤中，从而将污染物从土壤中溶解、分离出来并进行处理的技术。

13. **化学氧化－还原**（chemical oxidation and reduction）

根据土壤或地下水中污染物的类型和属性选择适当的氧化剂或还原剂，将制剂注入到土壤或地下水中，利用氧化剂或还原剂与污染物之间的氧化－还原反应将污染物转化为无毒无害物质或者毒性低、稳定性强、移动性弱的惰性化合物，从而达到对土壤净化的目的。

14. **热处理**（thermal treatment）

通过直接或间接的热交换，将污染介质及其所含的污染物加热到足够的温度（150～540℃），使污染物发生裂解或者氧化降解，或是污染物从污染介质中挥发分离的过程。

15. **填埋**（landfill）

将污染土运到限定的区域内（山间、峡谷、平地或废矿坑内）进行有计划的填埋，使其发生物理、化学或生物学等变化，最终达到污染物减量化和无害化的目的。

16. **筛上物**（screen overflow）

筛上物指土壤经过筛分后未通过筛孔的物料。

17. **修复工程监理**（site remediation supervision）

按照环境监理合同对场地治理和修复过程中的各项环境保护技术要求的落实情况提供监督管理等技术服务。

18. **场地环境监测**（site environmental monitoring）

连续或间断地测定场地环境中污染物的浓度及其空间分布，观察、分析其变化及对环境影响的过程。

19. **污染场地治理修复监测**（monitoring for remediation of contaminated site）

在污染场地治理修复过程中，针对各项治理修复技术的实施效果所开展的相关监测，包括治理修复过程中设计环境保护的工程质量监测和二次污染排放监测。

20. **风险管控与土壤修复效果评估**（verification of risk control and soil remediation）

通过资料回顾与现场踏勘、布点采样与实验室检测，综合评估地块风险管控与土壤修复是否达到规定要求或地块风险是否达到可接受水平。

21. **工程量清单**（bills of quantities，BQ）

建设工程的分部分项工程项目、措施项目、其他项目、规费项目和税金项目的名称和相应数量等的明细清单。

22. **分部分项工程**（work sections and trades）

分部工程是单项或单位工程的组成部分，是按结构部位、路段长度及施工特点或施工任务将单位工程划分为若干分部的工程；分项工程是分部工程的组成部分，是按照不同施工方法、材料、工序、路段长度等将分部工程划分为若干个分项或项目的工程。

23. **措施项目**（preliminaries）

为完成工程项目施工，发生于该工程施工准备和施工过程中的技术、生活、安全、环境保护等方面的项目。

24. **项目编码**（item code）

分部分项工程和措施项目清单名称的阿拉伯数字标识。

25. **项目特征**（item description）

构成分部分项工程项目、措施项目自身价值的本质特征。

26. **综合单价**（all-in unit rate）

完成一个规定清单项目所需的人工费、材料和工程设备费、施工机具使用费和企业管理费、利润以及一定范围内的风险费用。

27. **暂列金额**（provisional sum）

招标人在工程量清单中暂定并包括在合同价款中的一笔款项。用于施工合同签订时尚未确定或者不可预见的所需材料、设备、服务的采购，施工中可能发生的工程变更、合同约定调整因素出现时的工程价款调整以及发生的索赔、现场签证确认等的费用。

28. **暂估价**（prime cost sum）

招标人在工程量清单中提供的用于支付必然发生但暂时不能确定价格的材料、工程设备的单价以及专业工程的金额。

29. **企业定额**（corporate rate）

施工企业根据本企业的施工技术、机械装备和管理水平而编制的人工、材料和施工机械台班等的消耗标准。

30. **利润**（profit）

承包人完成合同工程获得的盈利。

31. **规费**（statutory fee）

根据国家法律、法规规定，由省级政府或省级有关权力部门规定施工企业必须缴纳的、应计入建筑安装工程造价的费用。

32. 税金（tax）

按照国家税法规定的应计入工程造价内的增值税。

33. 招标控制价（tender sum limit）

招标人根据国家或省级行业建设主管部门颁发的有关计价依据和办法，以及拟定的招标文件和招标工程量清单，编制的招标工程的最高限价。

34. 投标价（tender sum）

投标人投标时报出的工程合同价。

35. 设计概算（design estimate）

以初步设计文件为依据，按照规定的程序、方法和依据，对建设项目总投资及其构成进行的概略计算，包括建设项目总概算、单项工程概算、单位工程概算。

36. 工程结算（settlement）

发承包双方根据国家有关法律、法规规定和合同约定，对合同工程实施中、终止时、已完工后的工程项目进行的合同价款预算、调整和确认。

37. 竣工结算（settlement at completion）

发承包双方根据国家有关法律、法规规定和合同约定，在承包人完成合同约定的全部工作后，对最终工程价款的调整和确定。

2.3　其他说明

（1）本《指引》中土壤修复工程计价原则上执行《广东省建设工程计价依据（2018）》。针对《广东省建设工程计价依据（2018）》中未涵盖的内容，本《指引》进行了补充，其中材料价格按照 2019 年第四季度市场价格进行编制；机具费按照 2019 年第四季度市场租赁价格进行编制，实际使用时可按照相应时期相应地区的价格波动幅度进行调整。

（2）土壤修复定额子目工程量的计算按照相应子目的章节说明和计算规则执行。

（3）本《指引》中明确适用《建设工程工程量清单计价规范》（GB 50500—2013）以及《广东省建设工程计价依据（2018）》的内容有与现行规范和计价依据不一致的地方，以现行《建设工程工程量清单计价规范》（GB 50500—2013）以及现行《广东省建设工程计价依据（2018）》为准。

（4）土壤修复项目的项目设计概算、招标控制价、投标价、竣工结算价等工程造价文件的编制与核对应由具有相应资格的工程造价专业人员承担。

（5）本《指引》的解释、补充、修改及勘误等管理工作，由广州市节能环保技术应用交流促进会负责。

3 土壤修复工程工程量清单编制指引

3.1 编制说明

（1）为规范行业、地区土壤修复工程计量、计价规范标准体系，工程量清单宜采用统一格式，编制土壤修复工程工程量清单的表格格式与《建设工程工程量清单计价规范》（GB 50500—2013）保持一致（清单模板见本章附录）。

（2）项目编码是分部分项工程和措施项目清单名称的标识。清单项目编码以五级编码设置，用字母"T"加上十二位阿拉伯数字表示（例：T100101001001），各级编码的含义如下：

①第一级表示专业工程代码（固定代码 T10）；

②第二级表示附录分类顺序码（分二位）；

③第三级表示分部工程顺序码（分二位）；

④第四级表示分项工程项目名称顺序码（分三位）；

⑤第五级表示清单项目名称顺序码（分三位，由工程量清单编制人编制，从 001 开始）。

（3）本清单指引中清单项目可组合的主要内容及对应的综合定额子目，在实际执行中以满足计价需要为前提，根据项目特征描述及工程实际要求进行相应组合。

（4）本清单指引中的工程量清单项目仅针对建设用地的土壤修复工程。对于可直接采用《建设工程工程量清单计价规范》（GB 50500—2013）及《广东省建设工程计价依据（2018）》进行组价的工程量清单及内容，按照相关计价规范及标准进行计价。

（5）后续的解释、补充、修改、勘误等管理工作，由广州市节能环保技术应用交流促进会负责。

3.2　土壤修复工程工程量清单编制指引

附录1　污染土方工程

表1.1　污染土方工程（编号：T100101）

项目编码	项目名称	项目特征	计量单位	工程量清单计算规则	工作内容	可组合的主要内容			对应的综合定额子目	备注
T100101001	平整场地	1. 土壤类别 2. 弃土运距 3. 取土运距	m²	按设计图示平整范围以面积计算	1. 土方挖填 2. 场地找平 3. 运输	1	场地挖填土30cm以内找平	1.1 平整场地	T1-26-1	
						2	其他			
T100101002	挖一般土方	1. 土壤类别 2. 开挖方式 3. 分层开挖厚度 4. 分层检测厚度 5. 装土方式 6. 弃土运距	m³	按设计图示尺寸以体积计算	1. 排地表水 2. 分层土方开挖 3. 围护（挡土板）及拆除 4. 基底钎探 5. 装土 6. 运输	1	土方开挖	1.1 人工挖污染土	T1-26-2	
								1.2 人工挖湿污染土	T1-26-3	
								1.3 人工挖桩间污染土	T1-26-4	
								1.4 挖掘机挖污染土	T1-26-24	
								1.5 挖掘机挖湿污染土	T1-26-25	
								1.6 挖掘机挖桩间污染土	T1-26-26	
						2	装土及运输	2.1 人工运污染土	T1-26-14，T1-26-15	
								2.2 人力车运污染土	T1-26-18，T1-26-20	
								2.3 挖掘机挖装污染土	T1-26-31	
								2.4 挖掘机挖装湿污染土	T1-26-33	

续上表

项目编码	项目名称	项目特征	计量单位	工程量清单计算规则	工作内容	可组合的主要内容			对应的综合定额子目	备注
T10010 1002	挖一般土方	1. 土壤类别 2. 开挖方式 3. 分层开挖厚度 4. 分层检测厚度 5. 装土方式 6. 弃土运距	m³	按设计图示尺寸以体积计算	1. 排地表水 2. 分层土方开挖 3. 围护（挡土板）及拆除 4. 基底钎探 5. 装土 6. 运输	2 装土及运输	2.5	挖掘机挖装桩间污染土	T1-26-34	
							2.6	挖掘机装污染土	T1-26-35	
							2.7	挖掘机装湿装污染土	T1-26-36	
							2.8	挖掘机装桩间污染土	T1-26-37	
							2.9	装载机装污染土	T1-26-38	
							2.10	装载机装湿装污染土	T1-26-39	
							2.11	装载机装桩间污染土	T1-26-40	
							2.12	自卸汽车运污染土	T1-26-41、T1-26-42	
							2.13	挖掘机转堆污染土	T1-26-49	
							2.14	铲运机铲运污染土	T1-26-45、T1-26-46	
							2.15	推土机推污染土	T1-26-47、T1-26-48	
						3 其他	2.16	机械垂直运输污染土	T1-26-50	

续上表

项目编码	项目名称	项目特征	计量单位	工程量清单计算规则	工作内容	可组合的主要内容		对应的综合定额子目	备注
T10010103	挖沟槽土方	1. 土壤类别 2. 开挖方式 3. 分层开挖厚度 4. 分层检测厚度 5. 装土方式 6. 弃土运距	m³	按设计图示尺寸以基础垫层底面积乘以挖土深度计算	1. 排地表水 2. 分层土方开挖 3. 围护（挡土板）及拆除 4. 基底钎探 5. 装土 6. 运输	1 土方开挖	1.1 人工挖沟槽污染土	T1-26-10	
							1.2 人工挖沟槽湿污染土	T1-26-11	
							1.3 人工挖沟槽桩间污染土	T1-26-12	
							1.4 人工在挡土板支撑下挖沟槽污染土	T1-26-13	
							1.5 挖掘机挖沟槽、基坑污染土	T1-26-28	
							1.6 挖掘机挖沟槽、基坑湿污染土	T1-26-29	
							1.7 挖掘机挖沟槽、基坑桩间污染土	T1-26-30	
						2 装土及运输	2.1 人工运污染土	T1-26-14、T1-26-15	
							2.2 人力车运污染土	T1-26-18、T1-26-20	
							2.3 挖掘机挖装污染土	T1-26-31	
							2.4 挖掘机挖装湿污染土	T1-26-33	
							2.5 挖掘机挖装桩间污染土	T1-26-34	
							2.6 挖掘机装污染土	T1-26-35	

续上表

项目编码	项目名称	项目特征	计量单位	工程量清单计算规则	工作内容	可组合的主要内容		对应的综合定额子目	备注
T100101003	挖沟槽土方	1. 土壤类别 2. 开挖方式 3. 分层开挖厚度 4. 分层检测厚度 5. 装土方式 6. 弃土运距	m³	按设计图示尺寸以基础垫层底面积乘以挖土深度计算	1. 排地表水 2. 分层土方开挖 3. 围护（挡土板）及拆除 4. 基底钎探 5. 装土 6. 运输	2 装土及运输	2.7 挖掘机装湿污染土	T1-26-36	
							2.8 挖掘机装桩间污染土	T1-26-37	
							2.9 装载机装污染土	T1-26-38	
							2.10 装载机装湿污染土	T1-26-39	
							2.11 装载机装桩间污染土	T1-26-40	
							2.12 自卸汽车运污染土	T1-26-41、T1-26-42	
							2.13 挖掘机转运堆污染土	T1-26-49	
							2.14 铲运机铲运污染土	T1-26-45、T1-26-46	
							2.15 推土机推污染土	T1-26-47、T1-26-48	
						3 其他	2.16 机械垂直运输污染土	T1-26-50	

续上表

项目编码	项目名称	项目特征	计量单位	工程量清单计算规则	工作内容		可组合的主要内容		对应的综合定额子目	备注
T100101004	挖基坑土方	1. 土壤类别 2. 开挖方式 3. 分层开挖厚度 4. 分层检测厚度 5. 装土方式 6. 弃土运距	m³	按设计图示尺寸以基础垫层底面积乘以挖土深度计算	1. 排地表水 2. 分层土方开挖 3. 围护（挡土板）及拆除 4. 基底钎探 5. 装土 6. 运输	1　土方开挖	1.1　人工挖基坑污染土	T1-26-6	
							1.2　人工挖基坑湿污染土	T1-26-7	
							1.3　人工挖基坑桩间污染土	T1-26-8	
							1.4　人工在挡土板支撑下挖基坑污染土	T1-26-9	
							1.5　挖掘机挖沟槽、基坑污染土	T1-26-28	
							1.6　挖掘机挖沟槽、基坑湿污染土	T1-26-29	
							1.7　挖掘机挖沟槽、基坑桩间污染土	T1-26-30	
						2　装土及运输	2.1　人工运污染土	T1-26-14、T1-26-15	
							2.2　人力车运污染土	T1-26-18、T1-26-20	
							2.3　挖掘机挖装污染土	T1-26-31	
							2.4　挖掘机挖装湿污染土	T1-26-33	
							2.5　挖掘机挖装桩间污染土	T1-26-34	
							2.6　挖掘机装污染土	T1-26-35	

续上表

项目编码	项目名称	项目特征	计量单位	工程量清单计算规则	工作内容	可组合的主要内容		对应的综合定额子目	备注
T100101004	挖基坑土方	1. 土壤类别 2. 开挖方式 3. 分层开挖厚度 4. 分层检测厚度 5. 装土方式 6. 弃土运距	m³	按设计图示基础垫层底面积尺寸乘以挖土深度计算	1. 排地表水 2. 分层土方开挖 3. 围护（挡土板）及拆除 4. 基底钎探 5. 装土 6. 运输	2	装土及运输	2.7 挖掘机装湿污染土	T1-26-36
								2.8 挖掘机装桩间污染土	T1-26-37
								2.9 装载机装污染土	T1-26-38
								2.10 装载机装湿污染土	T1-26-39
								2.11 装载机装桩间污染土	T1-26-40
								2.12 自卸汽车运污染土	T1-26-41、T1-26-42
								2.13 挖掘机转堆污染土	T1-26-49
								2.14 铲运机铲运污染土	T1-26-45、T1-26-46
								2.15 推土机推污染土	T1-26-47、T1-26-48
						3	其他	2.16 机械垂直运输污染土	T1-26-50

续上表

项目编码	项目名称	项目特征	计量单位	工程量清单计算规则	工作内容	可组合的主要内容			对应的综合定额子目	备注
T100101005	挖淤泥、流砂	1. 挖掘深度 2. 弃淤泥、流砂距离	m³	按设计图示位置、界限以体积计算	1. 分层开挖 2. 运输	土方开挖	1	1.1	人工挖污染淤泥、流砂	T1－26－5	
								1.2	挖掘机挖污染淤泥、流砂	T1－26－27	
						装土及运输	2	2.1	人工运污染淤泥、流砂	T1－26－16、T1－26－17	
								2.2	人力车运污染淤泥、流砂	T1－26－19、T1－26－21	
								2.3	人工装车污染土、泥、流砂	T1－26－22、T1－26－23	
								2.4	挖掘机装污染泥、流砂	T1－26－32	
								2.5	自卸汽车运污染泥、流砂	T1－26－43、T1－26－44	
						其他	3	2.6	机械垂直运输污染泥、流砂	T1－26－51	

续上表

项目编码	项目名称	项目特征	计量单位	工程量清单计算规则	工作内容	可组合的主要内容			对应的综合定额子目	备注
T10010I006	污染土翻抛	1. 翻抛方式 2. 翻抛频率	m³	按设计图示尺寸以体积计算	1. 摊铺 2. 翻抛	1	污染土翻抛	1.1	人工浅翻	T1-26-52	默认土壤类型为二类土
								1.2	机械翻抛	T1-26-53	
						2	其他				
T10010I007	污染土堆高	1. 堆土方式 2. 堆土高度	m³	按设计图示尺寸以体积计算	土方堆高	1	污染土堆高	1.1	污染土堆高	T1-26-55、T1-26-56	
						2	其他				
T10010I008	污染土外运	1. 加盖外运 2. 运距	m³	按外运土方体积计算	1. 运土 2. 卸土	1	污染土外运增加费	1.1	污染土外运增加费	T1-26-54	
						2	其他				

附录 2 污染土处理工程

表 2.1 土壤预处理工程（编号：T100201）

项目编码	项目名称	项目特征	计量单位	工程量清单计算规则	工作内容	可组合的主要内容					对应的综合定额子目	备注
T100201001	污染土筛分	1. 破碎筛分粒径要求 2. 工作流程次数	m³	按实际工程量以体积计算	1. 破碎 2. 筛分 3. 整理堆放	1	污染土初筛	1.1	污染土初筛	T1－28－1	
						2	污染土破碎筛分	2.1	污染土破碎筛分	T1－28－2	
								2.2	淋洗前污染土筛分分离	T1－28－3	
						3	其他				
T100201002	土方调节含水率	1. 调节方式 2. 搅拌方式	m³	按实际工程量以体积计算	土方调节含水率	1	调节含水率	1.1	药剂调节含水率	T1－28－4	
								1.2	自然风干调节含水率	T1－28－5	
								1.3	晾晒调节含水率	T1－28－6	
						2	其他				

表2.2 固化/稳定化修复工程（编号：T100202）

项目编码	项目名称	项目特征	计量单位	工程量清单计算规则	工作内容	可组合的主要内容			对应的综合定额子目	备注
T100202001	固化稳定化修复	1. 污染土主要成分 2. 修复方式 3. 修复药剂添加方式 4. 搅拌方式 5. 工作流程循环次数	m³	按设计图示尺寸以体积计算	1. 添加药剂 2. 混合搅拌	1	固化/稳定化修复	1.1	原地原位固化稳定化修复	T1－28－7	
								1.2	原地异位固化稳定化修复	T1－28－8	
						2	其他				

表2.3 热脱附修复工程（编号：T100203）

项目编码	项目名称	项目特征	计量单位	工程量清单计算规则	工作内容	可组合的主要内容			对应的综合定额子目	备注
T100203001	热脱附修复	1. 土壤处理方式 2. 热脱附方式 3. 热脱附温度	m³	按设计图示尺寸以体积计算	1. 污染土入窑 2. 热脱附 3. 分解 4. 冷却降温	1	热脱附修复	1.1	污染土方入窑	T1－28－9	
								1.2	原地异位直接热脱附修复	T1－28－10	
								1.3	原地异位间接热脱附修复	T1－28－11	
						2	其他				

表2.4　土壤淋洗工程（编号：T100204）

项目编码	项目名称	项目特征	计量单位	工程量清单计算规则	工作内容	可组合的主要内容			对应的综合定额子目	备注
T100204001	土壤淋洗	1. 淋洗方式及要求 2. 添加剂类型 3. 水土比 4. 洗脱时间与次数	m³	按设计图示尺寸以体积计算	1. 输送 2. 浆化 3. 混合反应	1	土壤淋洗	1.1 异位有机物污染土壤淋洗	T1-28-12	
								1.2 异位重金属污染土壤淋洗	T1-28-13	
						2	其他			

表2.5　阻隔填埋工程（编号：T100205）

项目编码	项目名称	项目特征	计量单位	工程量清单计算规则	工作内容	可组合的主要内容			对应的综合定额子目	备注
T100205001	阻隔填埋区钢筋工程	钢筋种类、规格	t	按设计图示钢筋长度（面积）乘单位理论质量计算	1. 钢筋制作、运输 2. 钢筋安装 3. 焊接（绑扎）	1	阻隔填埋区主体建设钢筋工程	1.1 现浇钢筋工程	采用广东省房屋建筑与装饰工程定额	人工费×1.1
								1.2 预制钢筋工程		机具费×1.08
T100205002	阻隔填埋区混凝土工程	1. 构件名称 2. 混凝土种类 3. 混凝土强度等级	m³	以立方米计量，按设计图示尺寸以体积计算	混凝土制作、运输、浇筑、振捣、养护	1	阻隔填埋区主体建设混凝土工程	1.1 现浇混凝土工程	采用广东省房屋建筑与装饰工程定额	人工费×1.1
								1.2 预制混凝土工程		机具费×1.08

续上表

项目编码	项目名称	项目特征	计量单位	工程量清单计算规则	工作内容	可组合的主要内容			对应的综合定额子目	备注
T100205003	阻隔搅拌桩工程	1. 阻隔方向 2. 阻隔方式 3. 阻隔层材料 4. 阻隔层厚度 5. 阻隔层强度要求 6. 防渗强度等级	m	按设计图示尺寸以桩长计算	1. 成孔、固壁 2. 混凝土制作、运输、灌注、养护 3. 套管压拨 4. 土方、废泥浆外运 5. 打桩场地硬化及泥浆池、泥浆沟	1	深层搅拌桩工程	1.1	深层搅拌桩	采用广东省房屋建筑与装饰工程定额	人工费×1.1 机具费×1.08
T100205004	阻隔高压旋喷桩工程	1. 阻隔方向 2. 阻隔方式 3. 阻隔层材料 4. 阻隔层厚度 5. 阻隔层强度要求 6. 防渗强度等级	m	按设计图示尺寸以桩长计算	1. 成孔、固壁 2. 混凝土制作、运输、灌注、养护 3. 套管压拨 4. 土方、废泥浆外运 5. 打桩场地硬化及泥浆池、泥浆沟	1	高压旋喷桩工程	1.1	高压旋喷桩	采用广东省房屋建筑与装饰工程定额	人工费×1.1 机具费×1.08

续上表

项目编码	项目名称	项目特征	计量单位	工程量清单计算规则	工作内容	可组合的主要内容		对应的综合定额子目	备注
T100205005	阻隔地下连续墙	1. 阻隔方向 2. 阻隔方式 3. 阻隔层材料 4. 阻隔层厚度 5. 阻隔层强度要求 6. 防渗强度等级	m³	按设计图图示墙中心线长度乘以厚度乘以槽深以体积计算	1. 导墙挖填、制作、安装、拆除 2. 挖土成槽、固壁、清底置换 3. 混凝土制作、运输、灌注、养护 4. 接头处理 5. 土方、废泥浆外运 6. 打桩场地硬化及泥浆池、泥浆沟	1	地下连续墙	1.1 地下连续墙	采用广东省房屋建筑与装饰工程定额	人工费 × 1.1 机具费 × 1.08

表 2.6 化学氧化工程（编号：T100206）

项目编码	项目名称	项目特征	计量单位	工程量清单计算规则	工作内容	可组合的主要内容		对应的综合定额子目	备注
T100206001	化学氧化药剂混合搅拌修复污染土	1. 污染土主要成分 2. 修复方式 3. 修复药剂添加方式 4. 搅拌方式 5. 工作流程循环次数	m³	按设计图示尺寸以体积计算	1. 添加药剂 2. 混合搅拌	1 化学氧化处理	1.1 原地原位化学氧化处理	T1－28－14	
							1.2 原地异位化学氧化处理	T1－28－15	
						2 其他			

表 2.7 修复后土壤养护（编号：T100207）

项目编码	项目名称	项目特征	计量单位	工程量清单计算规则	工作内容	可组合的主要内容		对应的综合定额子目	备注
T100207001	土壤养护	1. 养护方式 2. 养护周期	m³	按设计图示尺寸以体积乘以天数计算	1. 表面覆盖 2. 翻抛 3. 调节含水率	1 土壤养护	1.1 土壤养护	T1－28－16	
						2 其他			

表 2.8 筛上物处理（编号：T100208）

项目编码	项目名称	项目特征	计量单位	工程量清单计算规则	工作内容	可组合的主要内容		对应的综合定额子目	备注
T100208001	筛上物冲洗	1. 处理方式 2. 工作流程循环次数	m³	按设计图示尺寸以体积计算	冲洗	1 筛上物冲洗	1.1 筛上物冲洗	T1－28－17	

表 2.9 修复大棚建设工程（编号：T100209）

项目编码	项目名称	项目特征	计量单位	工程量清单计算规则	工作内容	可组合的主要内容			对应的综合定额子目	备注
T100209001	钢结构膜大棚	1. 大棚尺寸 2. 搭设高度 3. 跨度 4. 结构形式 5. 屋面材料 6. 墙面材料	m²	按设计图纸以投影面积计算	1. 制作 2. 运输 3. 拼装 4. 安装 5. 刷防护材料	1	钢架结构安装	1.1 钢架结构安装	采用广东省房屋建筑与装饰工程定额	
								1.2 钢结构膜大棚拼装	T1-28-20	
						2	其他			
T100209002	封闭式膜结构大棚	1. 大棚尺寸 2. 搭设高度 3. 跨度 4. 结构形式 5. 膜材料厚度 6. 膜材料形式	m²	按设计图纸以投影面积计算	1. 制作 2. 运输 3. 拼装 4. 安装 5. 刷防护材料	1	钢架结构安装 封闭式膜大棚安装	1.1 钢架结构安装	采用广东省房屋建筑与装饰工程定额	
								1.2 封闭式膜大棚安装	T1-28-18	
						2	其他			
T100209003	无负压大棚	1. 大棚尺寸 2. 搭设高度 3. 跨度 4. 结构形式 5. 膜材料厚度 6. 膜材料形式	m²	按设计图纸以投影面积计算	1. 制作 2. 运输 3. 拼装 4. 安装 5. 刷防护材料	1	固定结构安装 无负压充气膜大棚安装	1.1 固定结构安装	采用广东省房屋建筑与装饰工程定额	地脚固定，地梁以下安装钢梁及钢索固定大棚
								1.2 无负压充气膜大棚安装	T1-28-19	鼓风机安装采用广东省工程综合定额
						2	其他			

表 2.10　监测井、注入井（编码：T100210）

项目编码	项目名称	项目特征	计量单位	工程量清单计算规则	工作内容	可组合的主要内容			对应的综合定额子目	备注
T10021001	注入井成井	1. 成井方式 2. 地层情况 3. 成井直径 4. 井（滤）管类型、直径 5. 井管深度	根	按设计图示尺寸以井管根数计算	1. 准备钻孔机械、钻机就位、钻孔成井 2. 成孔、出渣、清孔等 3. 对接上、下井管，安装滤料，下滤料，洗井等 4. 管道安拆	1	成井	1.1 成井	T1－28－21	
						2	管道安装及拆除	2.1 管道安装及拆除	T1－28－22	
						3	其他			
T10021002	监测井成井	1. 成井方式 2. 地层情况 3. 成井直径 4. 井（滤）管类型、直径 5. 井管深度	根	按设计图示尺寸以井管根数计算	1. 准备钻孔机械、钻机就位、钻孔成井 2. 成孔、出渣、清孔等 3. 对接上、下井管，安装滤料，下滤料，洗井等 4. 管道安拆	1	成井	1.1 成井	T1－28－23	
						2	管道安装及拆除	2.1 管道安装及拆除	T1－28－24	
						3	其他			

附录 3　二次污染防治工程

表 3.1　大气二次污染防治措施（编号：T100301）

项目编码	项目名称	项目特征	计量单位	工程量清单计算规则	工作内容	可组合的主要内容				对应的综合定额子目	备注
T100301001	臭气、挥发性有机物防治	1. 废气类型及成分 2. 处置方式及措施	m²	按土壤修复区和场内运输道路区域以面积计算	气体抑制剂喷洒	1	防治措施	1.1	气味抑制剂喷洒	T1－29－8	
						2	其他				
T100301002	扬尘防治	1. 降尘方式 2. 降尘设备	m³	按待修复的污染土方以体积计算	1. 洒水降尘 2. 铺膜覆盖	1	移动式洒水降尘措施	1.1	人工洒水	T1－29－9	
								1.2	洒水车降尘	T1－29－10	
								1.3	炮雾机降尘	T1－29－11	
						2	固定式洒水喷淋措施	2.1	固定式洒水喷淋系统	T1－29－12	
T100301003	废气处理	1. 处理方式 2. 处理设备	m³	按处理的污染土方以体积计算	收集、处理、排放	1	尾气处理	1.1	尾气处理	T1－29－18	

表 3.2　水二次污染防治措施（编号：T100302）

项目编码	项目名称	项目特征	计量单位	工程量清单计算规则	工作内容	可组合的主要内容		对应的综合定额子目	备注
T100302001	洗车池	1. 土壤类别 2. 池截面净空尺寸 3. 垫层材料种类、厚度 4. 混凝土种类 5. 混凝土强度等级 6. 防护材料种类	座	按设计图示以数量计算	1. 挖填、运土石方 2. 铺设垫层 3. 混凝土制作、运输、浇筑、振捣、养护 4. 刷防护材料	1 洗车池	1.1 洗车池	采用广东省房屋建筑与装饰工程定额	人工费×1.1 机具费×1.08
T100302002	集水井					1 集水井	1.1 集水井		
T100302003	污水暂存池					1 污水暂存池	1.1 污水暂存池		
T100302004	污水处理池					1 污水处理池	1.1 污水处理池		
T100302005	三级沉淀池					1 三级沉淀池	1.1 三级沉淀池		
T100302006	废水处理	1. 废水成分 2. 处置方式及措施	m³	按实际工程量以体积计算	过滤、处理及排放	1 废水处理 2 其他	1.1 废水处理	T1－29－17	

表 3.3　噪声二次污染防治措施（编号：T100303）

项目编码	项目名称	项目特征	计量单位	工程量清单计算规则	工作内容	可组合的主要内容		对应的综合定额子目	备注
T100303001	隔音板建设	1. 尺寸大小 2. 材料类型	m³	按设计图示尺寸以体积计算	隔音板建设	1 隔音板建设	1.1 隔音板建设	采用广东省房屋建筑与装饰工程定额	

表 3.4 固废二次污染防治措施（编号：T100304）

项目编码	项目名称	项目特征	计量单位	工程量清单计算规则	工作内容	可组合的主要内容		对应的综合定额子目	备注
T100304001	危废清理处置	1. 危废类别 2. 处置方式及措施	t	按重量计算	1. 清理 2. 暂存 3. 运输 4. 处置	1 危险废物清理处理	1.1 危险废物人工整理	T1－29－13	
							1.2 危险废物机械整理	T1－29－14	
						2 危险废物装车	2.1 人工装车	T1－29－15	
							2.2 机械装车	T1－29－16	
						3 其他			

表 3.5 防渗、阻隔、覆盖措施（编号：T100305）

项目编码	项目名称	项目特征	计量单位	工程量清单计算规则	工作内容	可组合的主要内容		对应的综合定额子目	备注
T100305001	防渗措施	1. 覆盖区域 2. 铺设方式 3. 覆盖材料、规格、尺寸 4. 铺设要求 5. 覆盖层层数	m²	按设计图示尺寸以覆盖面积计算	1. 铺设 2. 其他	1 铺设	1.1 铺密目网	T1－29－1	
							1.2 土工布铺设	T1－29－2 ～ T1－29－5	
							1.3 防渗膜铺设	T1－29－6、 T1－29－7	
						2 其他			

附录 4　设备安装工程

表 4.1　土壤预处理系统（编号：T100401）

项目编码	项目名称	项目特征	计量单位	工程量清单计算规则	工作内容		可组合的主要内容		对应的综合定额子目	备注
T100401001	土壤破碎筛分系统	1. 处理能力 2. 主要设备型号、规格 3. 主要仪表型号、规格 4. 安装方式 5. 系统调试 6. 系统试运行	套	按设计图示尺寸以套数计算	1	设备安装	1. 1	破碎装置	参考广东省安装工程综合定额	
						1. 组装 2. 安装 3. 调试 4. 试运行	1. 2	筛分装置		
							1. 3	计量装置		
							1. 4	加料装置		
							1. 5	提升装置		
							1. 6	输送装置		

表 4.2　土壤修复系统（编号：T100402）

项目编码	项目名称	项目特征	计量单位	工程量清单计算规则	工作内容	可组合的主要内容		对应的综合定额子目	备注
T100402001	土壤淋洗系统	1. 处理能力 2. 主要设备型号、规格 3. 主要仪表型号、规格 4. 安装方式	套	按设计图示尺寸以套数计算	1. 组装 2. 安装 3. 调试 4. 试运行	1 设备安装	1.1 滚筒清洗机	T1－30－1	
							1.2 水平振荡器	T1－30－2	
							1.3 压滤机	T1－30－3	
							1.4 湿法振动筛	T1－30－4	
T100402002	药剂调配及输料系统	1. 处理能力 2. 主要设备型号、规格 3. 主要仪表型号、规格 4. 安装方式	套	按设计图示尺寸以套数计算	1. 组装 2. 安装 3. 调试 4. 试运行	1 设备安装	1.1 药剂储存装置	采用广东省安装工程综合定额（第一册）C1－9－210～C1－9－215	
							1.2 注入输料装置	采用广东省安装工程综合定额（第一册）C1－9－207～C1－9－209	
							1.3 药剂混合装置	采用广东省安装工程综合定额（第一册）C1－9－194～C1－9－203	

续上表

项目编码	项目名称	项目特征	计量单位	工程量清单计算规则	工作内容	可组合的主要内容			对应的综合定额子目	备注
T100402002	药剂调配及输料系统	1. 处理能力 2. 主要设备型号、规格 3. 主要仪表型号、规格 4. 安装方式	套	按设计图示尺寸以套数计算	1. 组装 2. 安装 3. 调试 4. 试运行	1	设备安装	1.4 流量及压力检测装置	采用广东省安装工程综合定额（第五册）C5-3-53～C5-3-58，C5-3-85～C5-3-89	
T100402003	热脱附系统	1. 处理能力 2. 主要设备型号、规格 3. 主要仪表型号、规格 4. 安装方式	套	按设计图示尺寸以套数计算	1. 组装 2. 安装 3. 调试 4. 试运行	1	设备安装	1.1 传送装置设备安装	T1-30-5	
								1.2 回转窑体设备安装	T1-30-6	
								1.3 二燃室设备安装	T1-30-7	
								1.4 除尘装置设备安装	T1-30-8	
								1.5 冷却装置设备安装	T1-30-9	
								1.6 吸附装置设备安装	T1-30-10	
								1.7 尾气排放装置设备安装	T1-30-11	

表 4.3 污水、废气处理系统（编号：T100403）

项目编码	项目名称	项目特征	计量单位	工程量清单计算规则	工作内容	可组合的主要内容				对应的综合定额子目	备注
T100403001	一体化废水处理设备安装	1. 处理能力 2. 主要设备型号、规格 3. 主要仪表型号、规格 4. 安装方式 5. 系统调试 6. 系统试运行	套	按设计图示尺寸以套数计算	1	设备安装	1.1	一体化废水处理设备安装	1. 2. 3. 4.	组装 安装 调试 试运行	T1-30-12	
T100403002	废（尾）气处理系统	1. 处理能力 2. 主要设备型号、规格 3. 主要仪表型号、规格 4. 安装方式 5. 系统调试 6. 系统试运行	套	按设计图示尺寸以套数计算	1	设备安装	1.1	大棚废气处理设备安装	1. 2. 3. 4.	组装 安装 调试 试运行	T1-30-13	

附录 S 措施项目

表 S.1 脚手架工程（编号：粤 011701）

项目编码	项目名称	项目特征	计量单位	工程量清单计算规则	工作内容	可组合的主要内容		对应的综合定额子目	备注
粤 011701008	综合钢脚手架	搭设高度	m^2	按 2018 年《广东省房屋建筑与装饰工程综合定额》"脚手架工程"工程量计算规则相关规定计算	1. 场内外材料搬运 2. 搭、拆脚手架、斜道、上料平台 3. 安全网的铺设 4. 拆除脚手架后材料的堆放	1 搭、拆、运、维护	1.1 建筑综合钢脚手架 1.2 单独装饰综合钢脚手架		
						2 其他			
粤 011701009	单排钢脚手架				1. 场内、外材料搬运 2. 搭设 3. 拆除脚手架后材料的堆放	1 搭、拆、运、维护	1.1 建筑单排钢脚手架 1.2 单独装饰单排钢脚手架	采用广东省房屋建筑与装饰工程综合定额对应子目	
						2 其他			
粤 011701010	满堂脚手架					1 搭、拆、运、维护	1.1 建筑满堂钢脚手架 1.2 单独装饰满堂脚手架		
						2 其他			
粤 011701011	里脚手架					1 搭、拆、运、维护	1.1 建筑钢里脚手架		
						2 其他			

续上表

项目编码	项目名称	项目特征	计量单位	工程量清单计算规则	工作内容	可组合的主要内容		对应的综合定额子目	备注
粤011701012	活动脚手架	搭设部位	m²	按 2018 年《广东省房屋建筑与装饰工程综合定额》"脚手架"工程量计算规则相关规定计算	1. 场内、场外材料搬运 2. 搭设 3. 拆除脚手架后材料的堆放	1	搭、拆、运、维护	1.1 单独装饰活动脚手架	
						2	其他		
粤011701013	靠脚手架安全挡板	搭设部位				1	搭、拆、运、维护	1.1 建筑靠脚手架安全挡板（钢管）	采用广东省房屋建筑与装饰工程定额对应子目
								1.2 单独装饰靠脚手架安全挡板（钢管）	
						2	其他		
粤011701014	独立安全挡板	1. 搭设方式 2. 搭设高度				1	搭、拆、运、维护	1.1 建筑独立安全防护挡板（钢管）	
								1.2 单独装饰独立安全挡板（钢管）	
						2	其他		

续上表

项目编码	项目名称	项目特征	计量单位	工程量清单计算规则	工作内容	可组合的主要内容		对应的综合定额子目	备注
粤011701015	架空运输道		m²	按 2018 年《广东省房屋建筑与装饰工程综合定额》"脚手架"工程量计算规则相关规定计算	1. 场内、场外材料搬运 2. 搭设 3. 拆除脚手架后材料的堆放	1 搭、拆、运、维护	1.1 运输道（钢管）		
						2 其他			
粤011701016	围尼龙编织布	搭设高度			1. 场内、场外材料搬运 2. 围尼龙编织布 3. 拆除后材料的堆放	1 搭、拆、运、维护	1.1 建筑围尼龙编织布 1.2 单独装饰围尼龙编织布	采用广东省房屋建筑与装饰工程定额对应子目	
						2 其他			
粤011701017	单独挂尼龙龙安全网				1. 场内、场外材料搬运 2. 安全网的铺设 3. 拆除后材料的堆放	1 搭、拆、运、维护	1.1 单独挂尼龙安全网		
						2 其他			

表 S.2 混凝土模板及支架（撑）（编号：粤 011702）

项目编码	项目名称	项目特征	计量单位	工程量清单计算规则	工作内容	可组合的主要内容		对应的综合定额子目	备注
粤 011702001	基础	基础类型	m²	按模板与现浇混凝土构件的接触面积计算。 1. 现浇钢筋混凝土墙、板单孔面积≤0.3m² 的孔洞不予扣除，洞侧壁模板亦不增加；单孔面积＞0.3m² 时应予扣除，洞侧壁模板面积并入墙、板工程量内计算 2. 现浇框架分别按梁、板、柱有关规定计算；附墙柱、暗梁、暗柱并入墙内工程量内计算 3. 柱、梁、墙、板相互连接的重叠部分，均不计算模板面积 4. 构造柱按图示外露部分计算模板面积	1. 模板制作 2. 模板安装、拆除、整理堆放及场内外运输 3. 清理模板粘结物及模内杂物、刷隔离剂等	1 模板制作、安装、拆除、运输	1.1 带形基础		
							1.2 独立基础		
							1.3 杯形基础		
							1.4 设备基础螺栓套		
							1.5 满堂基础		
							1.6 设备基础		
							1.7 基础垫层		
							1.8 桩承台	采用广东省房屋建筑与装饰工程定额对应子目	
						2 其他			

续上表

项目编码	项目名称	项目特征	计量单位	工程量清单计算规则	工作内容	可组合的主要内容		对应的综合定额子目	备注
粤011702002	矩形柱	柱截面形状	m²	按模板与现浇混凝土构件的接触面积计算。 1. 现浇钢筋混凝土墙、板单孔面积≤0.3m²的孔洞不予扣除，洞侧壁模板亦不增加；单孔面积>0.3m²时应予扣除，洞侧壁模板并入墙、板工程量内计算 2. 现浇框架分别按梁、板、柱有关规定计算；附墙柱、暗梁、暗柱并入墙内工程量内计算 3. 柱、梁、墙、板相互连接的重叠部分，均不计算模板面积 4. 构造柱按图示外露部分计算模板面积	1. 模板制作 2. 模板安装、拆除、整理堆放及场内外运输 3. 清理模板粘结物及模内杂物、刷隔离剂等	1 模板制作、安装、拆除、运输	1.1 矩形柱		
						2 其他	1.2 柱支模超高		
粤011702003	构造柱	柱截面形状				1 模板制作、安装、拆除、运输	1.1 矩形柱	采用广东省房屋建筑与装饰工程定额对应子目	
							1.2 异形柱		
							1.3 圆形柱		
						2 其他	1.4 柱支模超高		
粤011702004	异形柱	柱截面形状				1 模板制作、安装、拆除、运输	1.1 异形柱		
							1.2 圆形柱		
						2 其他	1.3 柱支模超高		

续上表

项目编码	项目名称	项目特征	计量单位	工程量清单计算规则	工作内容	可组合的主要内容				对应的综合定额子目	备注
粤011702005	基础梁		m²	按模板与现浇混凝土构件的接触面积计算。		1	模板制作、安装、拆除、运输	1.1	基础梁		
						2	其他				
粤011702006	矩形梁	1. 梁截面形状 2. 支撑高度		1. 现浇钢筋混凝土墙、板单孔面积≤0.3m²的孔洞不予扣除，洞侧壁模板亦不增加；单孔面积＞0.3m²时应予扣除，洞侧壁模板面积并入墙、板工程量内计算 2. 现浇框架分别按梁、板、柱、墙计算；附墙柱、暗梁、暗柱并入墙内工程量计算 3. 柱、梁、墙、板相互连接的重叠部分，均不计算模板面积 4. 构造柱按图示外露部分计算模板面积	1. 模板制作 2. 模板安装、拆除、整理堆放及场内运输 3. 清理模板粘结物及杂物、刷隔离剂等	1	模板制作、安装、拆除、运输	1.1 1.2	单梁、连续梁 梁支模超高	采用广东省房屋建筑与装饰工程定额对应子目	
						2	其他				
粤011702007	异形梁					1	模板制作、安装、拆除、运输	1.1 1.2	异形梁 梁支模超高		
						2	其他				
粤011702008	圈梁					1	模板制作、安装、拆除、运输	1.1	圈梁		
						2	其他				

续上表

项目编码	项目名称	项目特征	计量单位	工程量清单计算规则	工作内容	可组合的主要内容			对应的综合定额子目	备注
粤011702009	过梁		m²	按模板与现浇混凝土构件的接触面积计算。		1	模板制作、安装、拆除、运输			
				1. 现浇钢筋混凝土墙、板单孔面积≤0.3m²的孔洞不予扣除，洞侧壁模板亦不增加；单孔面积＞0.3m²时应予扣除，洞侧壁模板面积并入墙、板工程量内计算		2	其他			
粤011702010	弧形、拱形梁	1. 梁截面形状 2. 支撑高度		2. 现浇框架分别按梁、板、柱有墙，附墙柱、暗柱并入墙内工程量内计算 3. 柱、梁、墙、板相互连接的重叠部分，均不计算模板面积	1. 模板制作 2. 模板安装、拆除、整理堆放及场内运输 3. 清理模板粘结物及模内杂物、刷隔离剂等	1	模板制作、安装、拆除、运输	1.1	拱形梁	采用广东省房屋建筑与装饰工程定额对应子目	
								1.2	弧形梁		
								1.3	虹梁		
								1.4	梁支模超高		
						2	其他				
粤011702011	直形墙	1. 截面形状 2. 支撑高度		4. 构造柱按图示外露部分计算模板面积		1	模板制作、安装、拆除、运输	1.1	直形墙		
								1.2	墙支模超高		
						2	其他				

续上表

项目编码	项目名称	项目特征	计量单位	工程量清单计算规则	工作内容	可组合的主要内容		对应的综合定额子目	备注
粤011702012	弧形墙	1. 截面形状 2. 支撑高度	m²	按模板与现浇混凝土构件的接触面积计算。	1. 模板制作 2. 模板安装、拆除、整理堆放及场内外运输 3. 清理模板粘结物及模内杂物、刷隔离剂等	1	模板制作、安装、拆除、运输		
							1.1 弧形墙		
							1.2 墙支模超高		
						2	其他		
粤011702013	短肢剪力墙、电梯井壁			1. 现浇钢筋混凝土墙、板单孔面积≤0.3m²的孔洞不予扣除，洞侧壁模板亦不增加；单孔面积>0.3m²时应予扣除，洞侧壁模板面积并入墙、板工程量内计算 2. 现浇框架分别按梁、板、柱有关规定计算；附墙柱、暗梁、暗柱并入墙内工程量内计算 3. 柱、梁、墙、板相互连接的重叠部分，均不计算模板面积 4. 构造柱按图示外露部分计算模板面积		1	模板制作、安装、拆除、运输	采用广东省房屋建筑与装饰工程定额对应子目	
							1.1 电梯坑、井墙		
							1.2 墙支模超高		
						2	其他		
粤011702014	有梁板	支撑高度				1	模板制作、安装、拆除、运输		
							1.1 有梁板		
							1.2 地下室楼板		
							1.3 板支模超高		
						2	其他		
粤011702015	无梁板					1	模板制作、安装、拆除、运输		
							1.1 无梁板		
							1.2 地下室楼板		
							1.3 板支模超高		
						2	其他		

续上表

项目编码	项目名称	项目特征	计量单位	工程量清单计算规则	工作内容	可组合的主要内容		对应的综合定额子目	备注
粤011702016	平板		m²	按模板与现浇混凝土构件的接触面积计算。 1. 现浇钢筋混凝土墙、板单孔面积≤0.3m²的孔洞不予扣除，洞侧壁模板亦不增加；单孔面积>0.3m²时应予扣除，洞侧壁模板面积并入板工程量内计算。 2. 现浇框架分别按梁、板、柱有关规定计算；附墙柱、暗梁、暗柱并入墙内工程量内计算。 3. 柱、梁、墙、板相互连接的重叠部分，均不计算模板面积。 4. 构造柱按图示外露部分计算模板面积	1. 模板制作 2. 模板安装、拆除、整理堆放及场内外运输 3. 清理模板内粘结物及杂物、刷隔离剂等	1 模板制作、安装、拆除、运输 2 其他			
粤011702017	拱板	支撑高度				1 模板制作、安装、拆除、运输 2 其他	1.1 拱形板 1.2 地下室楼板 1.3 板支模超高	采用广东省房屋建筑与装饰工程定额对应子目	
粤011702018	薄壳板	支撑高度				1 模板制作、安装、拆除、运输 2 其他			
粤011702019	空心板					1 模板制作、安装、拆除、运输 2 其他			
粤011702020	其他板					1 模板制作、安装、拆除、运输 2 其他	1.1 其他板		
粤011702021	栏板	坡度				1 模板制作、安装、拆除、运输 2 其他	1.1 栏板、反檐		

续上表

项目编码	项目名称	项目特征	计量单位	工程量清单计算规则	工作内容	可组合的主要内容			对应的综合定额子目	备注
粤011702022	天沟、檐沟	构件类型	m²	按模板与现浇混凝土构件的接触面积计算		1	模板制作、安装、拆除、运输			
						2	其他			
粤011702023	雨篷、悬挑板、阳台板	1. 构件类型 2. 板厚度		按图示外挑部分尺寸的水平投影面积计算,挑出墙外的悬臂梁及板边不另计算		1	模板制作、安装、拆除、运输	1.1	直形		
								1.2	圆弧形		
						2	其他			
粤011702024	楼梯	类型		按楼梯(包括休息平台、平台梁、斜梁和楼层板的连接梁)的水平投影面积计算,不扣除宽度≤500mm的楼梯井所占面积,楼梯踏步、踏步板、平台梁等侧面模板不另计算,伸入墙内部分不增加	1. 模板制作 2. 模板安装、拆除、整理堆放及场内运输 3. 清理模板内粘结物及模内杂物、刷隔离剂等	1	模板制作、安装、拆除、运输	1.1	直形	采用广东省房屋建筑与装饰工程定额对应子目	
						2	其他	1.2	圆弧形		
粤011702025	其他现浇构件	构件类型		按模板与现浇混凝土构件的接触面积计算		1	模板制作、安装、拆除、运输				
						2	其他				

续上表

项目编码	项目名称	项目特征	计量单位	工程量清单计算规则	工作内容	可组合的主要内容			对应的综合定额子目	备注
粤011702026	电缆沟、地沟	1. 沟类型 2. 沟截面		按模板与电缆沟、地沟接触的面积计算		1	模板制作、安装、拆除、运输	1.1 电缆沟、地沟		
						2	其他			
粤011702027	台阶	台阶踏步宽		按图示台阶水平投影面积计算，台阶端头两侧不另计算模板面积。架空式混凝土台阶，按现浇楼梯计算	1. 模板制作 2. 模板安装、拆除、整理堆放及场内外运输	1	模板制作、安装、拆除、运输	1.1 台阶	采用广东省房屋建筑与装饰工程定额对应子目	
			m²			2	其他			
粤011702028	扶手	扶手断面尺寸		按模板与扶手的接触面积计算	3. 清理模板粘结物及杂物、刷隔离剂等	1	模板制作	1.1 压顶、扶手		
						2	其他			
粤011702029	散水			按模板与散水的接触面积计算		1	模板制作、安装、拆除、运输	1.1 散水		
						2	其他			

续表

项目编码	项目名称	项目特征	计量单位	工程量清单计算规则	工作内容	可组合的主要内容		对应的综合定额子目	备注
粤011702030	化粪池	1. 化粪池部位 2. 化粪池规格	m²	按模板与混凝土接触面积计算	1. 模板制作 2. 模板安装、拆除、整理堆放及场内外运输 3. 清理模板内粘结物及模内杂物、刷隔离剂等	1	模板制作、安装、拆除、运输	采用广东省房屋建筑与装饰工程定额对应子目	
						2	其他		
粤011702031	检查井	1. 检查井部位 2. 检查井规格				1	模板制作、安装、拆除、运输		
						2	其他		

— 43 —

表 S.3 垂直运输（编号：粤 011703）

项目编码	项目名称	项目特征	计量单位	工程量清单计算规则	工作内容	可组合的主要内容		对应的综合定额子目	备注
粤 011703001	垂直运输	1. 建筑物建筑类型及结构形式 2. 地下室至建筑面积 3. 建筑物檐口高度、层数	m²	按建筑面积计算	1. 垂直运输的固定机械装置、基础制作、安装 2. 行走式垂直运输机械的铺设、轨道的铺设、拆除、摊销	1 垂直运输	1.1 建筑物 20 米以内	采用广东省房屋建筑与装饰工程定额对应子目	
							1.2 建筑物 20 米以上		
							1.3 构筑物		
						2 其他	1.4 叠塑石山		

表 S.4 大型机械设备进出场及安拆（编号：粤 011704）

项目编码	项目名称	项目特征	计量单位	工程量清单计算规则	工作内容	对应的综合定额子目	备注
粤 011704001	大型机械设备进出场及安拆	1. 机械设备名称 2. 机械设备规格、型号	项	按使用机械设备的数量计算	1. 安拆费包括施工机械、设备在现场进行安装拆卸所需人工、材料，机械和试运转费用以及机械辅助设施的折旧，搭设、拆除等费用 2. 进出场费包括施工机械、设备整体或分体自停放地点运至施工现场或由一个施工地点运至另一个施工地点所发生的运输、装卸、辅助材料等费用	采用广东省房屋建筑与装饰工程定额对应子目	

表 S.5 施工排水、降水（编号：粤 011705）

项目编码	项目名称	项目特征	计量单位	工程量清单计算规则	工作内容	对应的综合定额子目	备注
粤 011705001	成井	1. 成井方式 2. 地层情况 3. 成井直径 4. 井（滤）管类型、直径	m	按设计图示尺寸以钻孔深度计算	1. 准备钻孔机械、埋设护筒、钻机就位；泥浆制作、固壁、成孔、出渣、清孔等 2. 对接上、下接管（滤管）、焊接、安放、下滤料、洗井、连接试抽等	采用广东省房屋建筑与装饰工程定额对应子目	
粤 011705002	排水、降水	1. 机械设备规格、型号 2. 降排水管规格	项	按排水、降水数量计算	1. 管道安装、拆除，场内运输等 2. 抽水、值班、降水设备维修等		

表 S.6 安全文明施工及其他措施项目（编号：粤 011706）

项目编码	项目名称	项目特征	计量单位	工程量清单计算规则	工作内容	可组合的主要内容			对应的综合定额子目	备注
粤 011706001	绿色施工安全防护措施费		项	按 2018 年《广东省房屋建筑与装饰工程综合定额》相关规定计算	详见 2018 年《广东省房屋建筑与装饰工程综合定额》工作内容说明	1	按系数计算	1.1	土壤修复工程	按分部分项（人工费＋施工机具费）的 19% 计算	
						2	按子目计算	2.1	按相应子目计算	根据项目实际需求进行选择	
						3	其他				
粤 011706002	夜间施工		项	按 2018 年《广东省房屋建筑与装饰工程综合定额》相关规定计算	1. 夜间固定照明灯具和临时可移动照明灯具的设置、拆除 2. 夜间施工时，施工现场交通标志、安全标牌、警示灯等的设置、移动、拆除 3. 包括夜间照明设备及照明用电、施工人员夜班补助、夜间施工劳动效率降低等				按夜间施工项目人工费的 20% 计算	

续上表

项目编码	项目名称	项目特征	计量单位	工程量清单计算规则	工作内容	可组合的主要内容			对应的综合定额子目	备注
粤011706003	二次搬运	1. 材料品种 2. 运输距离 3. 运输方式	项	按2018年《广东省房屋建筑与装饰工程综合定额》相关规定计算	由于施工场地条件限制而发生的材料、成品、半成品等一次运输不能到达堆放地点，必须进行的二次搬运	1 二次运输	1.1 材料运输		采用广东省房屋建筑与装饰工程定额对应子目	
						2 其他				
粤011706004	冬雨季施工		项	按2018年《广东省房屋建筑与装饰工程综合定额》相关规定计算	1. 冬雨（风）季施工时增加的临时设施（防寒保温、防雨防风设施）的搭设、拆除 2. 冬雨（风）季施工时，对砌体、混凝土等采用的特殊保温和养护措施 3. 冬雨（风）季施工时，施工现场的防滑处理，对影响施工的雨雪的清除 4. 包括冬雨（风）季施工增加的临时设施，施工人员的劳动保护用品，冬雨（风）季施工劳动效率降低等				采用广东省房屋建筑与装饰工程定额对应子目	

续上表

项目编码	项目名称	项目特征	计量单位	工程量清单计算规则	工作内容	可组合的主要内容		对应的综合定额子目	备注
粤011706005	地上、地下设施、建筑物的临时保护设施		项	按2018年《广东省房屋建筑与装饰工程综合定额》相关规定计算	在工程施工过程中，对已建成利用的地上、地下设施和建筑物进行的遮盖、封闭、隔离等必要保护措施			采用广东省房屋建筑与装饰工程定额对应子目	
粤011706006	已完工程及设备保护	1. 保护部位 2. 保护材料	项	按2018年《广东省房屋建筑与装饰工程综合定额》相关规定计算	对已完工程及设备采取的覆盖、包裹、封闭、隔离等必要保护措施	1 成品保护	1.1 楼地面成品保护 1.2 台阶成品保护 1.3 楼梯成品保护 1.4 栏杆成品保护 1.5 墙柱面成品保护	采用广东省房屋建筑与装饰工程定额对应子目	
						2 其他			

表 S.7 专用措施项目（编号：粤 011707）

项目编码	项目名称	项目特征	计量单位	工程量清单计算规则	工作内容	可组合的主要内容			对应的综合定额子目	备注
粤 011707001	支承胎架	1. 支承高度 2. 规格尺寸 3. 防锈要求	座	以座计量	1. 制作 2. 安装 3. 除锈油漆 4. 拆除、场内、场外运输	1	钢胎架制作、安装	1.1 支承钢胎架	采用广东省房屋建筑与装饰工程定额对应子目	
								1.2 每增加部分		
						2	其他			
粤 011707002	拼装平台		t	按拼装构件的质量计算		1	拼装平台	1.1 钢屋架、钢桁架、钢托架拼装平台		
						2	其他			

附录 5　其他项目

表 5.1　其他项目（编号：T100501）

项目编码	项目名称	项目特征	计量单位	工程量清单计算规则	工作内容	可组合的主要内容	对应的综合定额子目	备注
T100501001	修复方案编制评审		项		修复方案编制		按市场价	
T100501002	修复总结报告编制评审		项		修复总结报告编制		按市场价	
T100501003	专项方案编制设计		项		编制专项方案		按市场价	
T100501004	专业工程暂估价		项		1. 危险废物场外运输 2. 由专业公司对危险废物进行处理		按市场价	
T100501005	小试、中试试验		项		1. 实验室实验及项目现场实验 2. 确定药剂类型 3. 确定药剂最佳投加比例		按市场价	
T100501006	水泥窑协同处置费	1. 暂存方式 2. 厂内运输方式 3. 入窑前处理 4. 入窑 5. 处置	t	按处置污染土方以重量计算	1. 污染土水泥厂内运输 2. 污染土入窑前处理 3. 污染土按比例掺入		按市场价	
T100501007	二次污染防治措施其他费		项		其余二次污染防治费用			按二次污染防治工程金额的3.18%计算

4　土壤修复工程造价定额子目编制流程及理论方法

4.1　定额子目编制流程

1. 分析土壤修复工程项目特征

在编制定额子目之前，需要对土壤修复工程的项目特征进行分析考虑。土壤修复工程项目新增定额子目，与土建、市政等工程项目相比，土壤修复工程项目的多样性及复杂性更加突出，表现在以下方面：

①土壤物理性质的多样性；

②污染物类型的多样性；

③修复工艺的多样性；

④使用的机器设备、药剂的多样性；

⑤不同污染物之间相互作用的复杂性；

⑥不同修复工艺间联合使用的复杂性。

相比土建定额而言，土壤修复工程定额子目在编制过程中需考虑土壤修复工程的项目特征，充分考虑其多样性及复杂性的特点。

2. 收集项目信息及相关数据

在定额子目编制前，需进行大量的数据样本的收集，其中包括项目地块的污染物类型、污染土方量、采用的修复技术、相对应的招投标文件以及修复施工过程中的过程资料。

3. 确定工序名称及工序内容

在收集到足够的项目信息以及相关数据后，邀请土壤修复专业施工人员以及造价人员一同对土壤修复工程进行拆解，明确整个项目所包含的分部分项工程。针对不同的修复方法，明确每个分项工程内工序的名称及工作内容。

4. 构建定额框架

通过对工艺的拆分，可以构建定额的框架。通过对土壤修复内各项修复工序的拆解分析，新增了注入井、监测井工程及二次污染防治工程等特有的分部分项工程。对于整个土壤修复工程，通过分析归类，按照内容将定额子目分为可完全参考土建定额部分的定额、需要部分进行调整的定额以及需要新增的定额。

5. 确定定额子目中的消耗量及单价

完成整体定额大框架的内容后，需对每个定额子目进行编制[2]。定额子目的编制包含两方面的主要内容：确定定额消耗量及其对应的单价。对于单价的确认，人工单价与《广东省房屋建筑与装饰工程综合定额（2018）》中的人工单价保持一致；机械及药剂单价则采用询价的方法或者经验估算法进行估算。对定额中人、材、机的消耗量进行分析，确定影响消耗量的因素是线性的还是非线性的，分别采用多元线性回归分析法、模糊数学和灰色理论法构建数据模型，分析多因素对消耗量的影响，并最终确定定额中人、材、机的消耗量。

4.2 编制定额子目的基本方法

1. 技术测定法

技术测定法是指按照实际的技术条件、组织条件，对定额中的人、材、机的使用情况等实际观察并进行计算，通过实际操作测定出数值，从而修订定额的方法。具体方法可分为写实法、测时法及简易测定法[3]。

一般来说，技术测定法[4]得出的数据准确可靠，利用此法测得的数据编制的定额精度高、误差较小。国家统一定额的主要方法就是技术测定法。但是技术测定法的技术要求相对较高，耗时耗力，工作量大，也严重制约了其适用范围。

2. 经验估计法

经验估计法是指由定额管理专家、工程技术人员和经验丰富的施工艺人，凭借自身的工作经历以及对定额的理解，并参考相关的技术资料，相互讨论后最终制定定额的方法。经验估计法常常作为技术测定法的补充，主要用于技术测定法难以统计和计算消耗量的项目中。

4.3 定额子目消耗量的数理统计及分析方法

在定额子目的编制过程中，需要确定人、材、机的定额消耗量。而仅仅凭借经验估计法确定，会过于依赖技术人员水平，偏差幅度相对较大，且由于土壤修复工程的多样性与复杂性，定额子目中消耗量的确定也往往难以进行。例如，定额子目中修复药剂的消耗量与修复药剂的类型、土壤中污染物的浓度、污染物的类型、土壤的物理性质等诸多因素有关，而这些影响因素对定额消耗量的影响并非线性相关，且影响因素数量相对较多，采用常规的数理统计方法难以确定。因而定额子目中定额消耗量的确定常采用模糊数学以及灰色理论的方法。

4.3.1 模糊数学简介

模糊数学是一门比较成熟的理论体系[5]，其具有模糊、不明物的意义。模糊数学主要用来解决模糊性问题，研究模糊性问题的求解方式。

20 世纪 60 年代中期，美国自动控制专家扎德（Zadeh，L. A.）首次提出了模糊集的概念，建立了模糊定量分析模式，并在其论文"模糊集合（fuzzy sets）"中进行了详细论述，这奠定了模糊数学的理论基础。模糊数学与经典数学以及集合理论有所不同，模糊集合理论主要模仿人的逻辑推理方式和思维方式，对自然界中的现象进行数学解释和分析。目前，在自然科学领域中，已经广泛应用了模糊数学方法，并收获了丰富的研究和应用成果。

4.3.2 灰色理论简介

一般情况下，我们可以利用不同深浅度的颜色来描述事物的严重性。在这里，本文用"黑"表示信息完全缺失；用"白"表示信息完全透明，有充分的数据；用"灰"代表二者的中间程度，即有部分可用信息。相应地，白色系统是指信息完全透明、信息量充分；黑色系统则完全没有信息支持；部分信息已知的系统叫作灰色系统。

1982 年，邓聚龙教授建立了灰色系统理论[6]，主要用于研究信息不充分问题。经过长达几十年的发展，灰色系统理论已日益成熟。其主要研究信息不足、不确定和样本数据小等问题，或根据一些已知信息获得更多的研究价值，对系统行为和发展规律进行科学判断和分析。信息差和系统不确定的问题普遍存在，灰色系统模型对数据应用的限制条件较少，因此在实践中得到广泛应用。目前，灰色系统理论已趋于成熟和完善，成为一门独立的应用学科，在各个学科中得到广泛应用，产生了巨大的理论和实践价值。相关度是指不同事物之间的相似程度。它根据事物的内在联系和相似性绘制一条曲线，以此来分析事物的相关程度。两条曲线的外观越相似，事物的相关性就越高，反之则相关性越低。灰色关联分析在实践中得到了广泛的应用。它使用灰色关系模型来计算不同事物之间的相似度，其主要原理是根据系统序列曲线集的相似程度来描述系统序列之间关系的紧密程度。换句话说，曲线越接近，它们的关系就越密切。

灰色关联分析在决策分析、聚类分析以及优劣分析中得到了广泛应用。另外，其主要有以下特点：

①数据量要求较低，与一般的数学统计分析有所不同，其无需使用大样本数据，对数据统计规律也没有明确规定；

②虽然要比较多个因素的关联性，但是操作过程比较简单、便捷。

4.3.3 基于灰色理论的定额子目消耗量数据模糊计算模型的构建

将一个土壤修复工程定额子目消耗量视为一个系统，单独对其进行分析。因为每个系统都有其特定的结构和层次。因此，可以将定额消耗量分解成若干个子系统，对每个子系统进行模糊分析和模拟，运用综合相似度来比较各样本工程消耗量与企业定额消耗量的相似程度，相似度越高，意味着样本工程消耗量与企业定额消耗量越接近，样本工程可以很好地体现企业定额消耗量，再将样本工程消耗量代入模型进行计算得出定额子目消耗量。

主要步骤包括：

①选取合适的土壤修复工程案例；

②构建评价指标体系；

③确认隶属度；

④确认综合相似度；

⑤选择消耗量样品；

⑥确定定额子目消耗量参考值。

5　建设用地土壤修复工程定额子目

5.1　污染土方工程

5.1.1　说明

本节定额包括污染土方工程、污染土翻抛、污染土运输增加费、污染土堆高，共 4 个部分。

5.1.2　一般规定

（1）本节污染土方工程土壤分类及岩石类别的划分，可参照《广东省房屋建筑与装饰工程综合定额（2018）》中的"土壤分类表""岩石分类表"。

（2）平整场地、沟槽、基坑划分规定：场地厚度 ≤ ±30cm 的就地挖、填、运、找平为平整场地；底宽 ≤7m 且底长 >3 倍底宽的为沟槽；底长 ≤3 倍底宽且底面积 ≤150m² 的为基坑。

（3）本节污染土方工程按干土（一、二类土）编制，污染土方翻抛为湿土时，人工浅翻的人工费乘以系数 1.18，机械翻抛的人工费、机具费乘以系数 1.1。其中干土、湿土的划分：首先应以地质勘测资料为准，含水率 <25% 为干土，含水率 ≥25% 且小于液限的为湿土；或以地下常水位划分，地下常水位以上为干土，以下为湿土，如采用了降水措施的，应以降水后的水位为地下常水位，降水措施费用应另行计算。

（4）污染土方工程定额中已包括测量放线内容。

（5）污染土方工程按本节定额列有的子目执行。无相同子目的，可参照《广东省房屋建筑与装饰工程综合定额（2018）》中土石方工程的章节执行，其中人工费乘以系数 1.1，机械费乘以系数 1.08。

（6）计算污染土方使用自卸汽车进行外运时，须与本节定额自卸汽车运污染土方、污染淤泥流砂以及污染土外运增加费一同计算。

（7）污染土堆高适用于 10m 以内的堆土高度，堆土高度超过 10m 时，按审定的修复实施方案确定。

（8）污染土方开挖需人工辅助开挖时，如修复实施方案有规定，按修复实施方案规定计算。修复实施方案无规定时，机械挖污染土按总污染土方量的 95% 计算，人工挖污染土按总污染土方量的5%计算。

（9）本节未包括现场障碍物清除、地下水位以下施工的排（降）水、地表水排除及边坡支护，发生时应另行计算。

5.1.3 工程量计算规则

1. 一般计算规则

（一）本节污染土方的挖、推、铲、装、运，体积均以天然密实度体积计算。不同状态的污染土方进行体积换算，可参照《广东省房屋建筑与装饰工程综合定额（2018）》中的"土石方体积换算系数表"。

（二）挖污染土方工程量结合经审批的修复实施方案（包括基础工作面、放坡）以"m³"计算。修复实施方案中无规定的，基础工作面及土方放坡系数参照《广东省房屋建筑与装饰工程综合定额（2018）》土石方工程章节的相关规定执行。

2. 污染土翻抛

人工浅翻、机械翻抛工程量结合经审批的修复实施方案以"m³"计算。

3. 污染土方外运

污染土方外运工程量按实际外运土方的体积以"m³"计算。

4. 污染土方堆高

污染土方堆高工程量按实际堆高土方的体积以"m³"计算。

5.1.4 污染土方工程定额

污染土方工程定额子目如表5-1-1~表5-1-19所示。

表 5-1-1　T1.26 污染土方工程——平整场地

工作内容：1. 平整场地：标高在 ±30cm 以内的就地挖、填、运土方及找平
　　　　　2. 原土打夯、平整。夯实，平整。覆盖绿网，洒水，翻土

单位：100m²

定额编号			T1-26-1
子目名称			平整场地（污染土）
基价/元			212.09
其中	人工费/元		15.18
	材料费/元		—
	机械费/元		168.45
	管理费/元		28.46
	利　润/元		—
	综合费/元		—
分类	名称	单位	单价/元	数量
人工	00010010	人工费	元	1	15.1844
材料	34110010	水	m³	12	—
	99450760	其他材料费	元	1	—
	T99505	覆盖网	元	1.21	—
机械	9901010015	履带式推土机（功率75kW）	台班	1039.8	0.162
	9901107010	履带式单斗机械挖掘机（斗容量1.0m³）	台班	1439.74	—
	990409020	洒水车（罐容量4000L）	台班	499.73	—

注：人×1.1，机×1.08

表 5-1-2 T1.26 污染土方工程——人工挖污染土、污染淤泥及流砂

工作内容：1. 人工挖污染土方：挖土，装土，修整边及底
2. 人工挖污染淤泥、流砂：挖淤泥、装淤泥、流砂

单位：100m³

定额编号			T1-26-2	T1-26-3	T1-26-4	T1-26-5
子目名称			人工挖污染土	人工挖湿污染土	人工挖桩间污染土	人工挖污染淤泥、流砂
基价/元			2047.61	2382.67	2606.05	8424.42
其中	人工费/元		1772.82	2062.92	2256.32	7293.87
	材料费/元		—	—	—	—
	机械费/元		—	—	—	—
	管理费/元		274.79	319.75	349.73	1130.55
	利 润/元		—	—	—	—
	综合费/元		—	—	—	—
分类	编码	名称	单位	数量		
			单价/元			
人工	00010010	人工费	元	1		
				1772.8238	2062.92224	2256.3212	7293.8712

注：人×1.1，机×1.08

表 5-1-3 T1.26 污染土方工程——人工挖基坑污染土方

工作内容：挖基坑污染土方，将土置于坑边自然堆放，修平夯实基坑底、壁

单位：100m³

定额编号			T1-26-6	T1-26-7	T1-26-8	T1-26-9
子目名称			人工挖基坑污染土	人工挖基坑湿污染土	人工挖基坑桩间污染土	人工在挡土板支撑下挖基坑污染土
基价/元			3972.05	4622.01	5055.33	4694.23
其中	人工费/元		3439	4001.74	4376.91	4064.27
	材料费/元		—	—	—	—
	机械费/元		—	—	—	—
	管理费/元		533.05	620.27	678.42	629.96
	利润/元		—	—	—	—
	综合费/元		—	—	—	—
分类	名称	编码	单位	单价/元		数量
				1		
人工	人工费	00010010	元		3438.9982	4001.743 36	4376.9068	4064.2706

注：人×1.1，机×1.08

表 5 - 1 - 4　T1.26 污染土方工程——人工挖沟槽污染土方

工作内容：挖沟槽污染土方，将土置于槽边自然堆放，修平夯实沟槽底、壁

单位：100m³

定额编号	T1 - 26 - 10	T1 - 26 - 11	T1 - 26 - 12	T1 - 26 - 13
子目名称	人工挖沟槽污染土	人工挖沟槽湿污染土	人工挖沟槽桩间污染土	人工在挡土板支撑下挖沟槽污染土
基价/元	3782.84	4401.86	4814.53	4470.62
其中　人工费/元	3275.19	3811.13	4168.42	3870.67
材料费/元	—	—	—	—
机械费/元	—	—	—	—
管理费/元	507.65	590.73	646.11	599.95
利　润/元	—	—	—	—
综合费/元	—	—	—	—

分类	编码	名称	单位	单价/元	数量			
人工	00010010	人工费	元	1	3275.1862	3811.12576	4168.4188	3870.6746

注：人×1.1，机×1.08

表 5 - 1 - 5　T1.26 污染土方工程——人工运污染土、污染淤泥及流砂

工作内容：装、运、卸及平整

单位：100m³

定额编号		T1 - 26 - 14	T1 - 26 - 15	T1 - 26 - 16	T1 - 26 - 17
子目名称		人工运污染土		人工运污染淤泥、流砂	
		运距		运距	
		20m 以内	每增 20m	20m 内	每增 20m
基价/元		2570.66	574.62	4989.87	831.72
其中	人工费/元	2225.68	497.51	4320.23	720.1
	材料费/元	—	—	—	—
	机械费/元	—	—	—	—
	管理费/元	344.98	77.11	669.64	111.62
	利润/元	—	—	—	—
	综合费/元	—	—	—	—

分类	名称	编码	单位	单价/元	数量			
人工	人工费	00010010	元	1	2225.6762	497.5124	4320.2302	720.0974

注：人 ×1.1，机 ×1.08

表5-1-6　T1.26污染土方工程——人力车运污染土、污染淤泥及流砂

工作内容：装、运、卸及平整

单位：100m³

定额编号		T1-26-18	T1-26-19	T1-26-20	T1-26-21
子目名称		人力车运污染土	人力车运污染淤泥、流砂	人力车运污染土	人力车运污染淤泥、流砂
运距		100m内		每增50m	
基价/元		2404.14	4312.9	383.15	661.49
其中	人工费/元	2081.51	3734.11	331.73	572.72
	材料费/元	—	—	—	—
	机械费/元	—	—	—	—
	管理费/元	322.63	578.79	51.42	88.77
	利　润/元	—	—	—	—
	综合费/元	—	—	—	—

分类	名称	编码	名称	单位	单价/元 1	数量			
人工	00010010		人工费	元	1	2081.5135	3734.1117	331.7347	572.7194

注：人×1.1，机×1.08

表 5 - 1 - 7　T1.26 污染土方工程——人工装车

工作内容：装土、清理车下余土

单位：100m³

定额编号			T1 - 26 - 22	T1 - 26 - 23
子目名称			污染土	污染淤泥、流砂
			人工装车	
基价/元			1426.36	1996.86
其中	人工费/元		1234.94	1728.88
	材料费/元		—	—
	机械费/元		—	—
	管理费/元		191.42	267.98
	利　润/元		—	—
	综合费/元		—	—
分类	编码	名称	单位	单价/元	数量	
人工	00010010	人工费	元	1	1234.9381	1728.8777

注：人×1.1，机×1.08

表 5 - 1 - 8 T1.26 污染土方工程——机械挖污染土方、污染淤泥及流砂

工作内容： 1. 挖掘机挖一般土方： 挖土，将土堆放一边，清理机下余土，工作面内排水，修理边坡
          2. 挖掘机挖淤泥，流砂： 挖泥砂，将泥砂堆放一边，清理机下余泥，工作面内排水，修理边坡

单位： 1000m³

定额编号				T1 - 26 - 24	T1 - 26 - 25	T1 - 26 - 26	T1 - 26 - 27
子目名称				挖掘机挖污染土	挖掘机挖湿污染土	挖掘机挖桩间污染土	挖掘机挖污染淤泥、流砂
基价/元				3993.66	4362.16	4362.16	14 052.99
其中	人工费/元			654.54	714.04	714.04	3506.58
	材料费/元			—	—	—	—
	机械费/元			2803.17	3062.72	3062.72	8660.51
	管理费/元			535.95	585.4	585.4	1885.9
	利润/元			—	—	—	—
	综合费/元			—	—	—	—
分类	名称	编码	单位	单价/元	数量		
人工	人工费	00010010	元	1	654.5374	714.0408	714.0408	3506.58
机械	履带式推土机（功率75kW）	990101015	台班	1039.8	0.1836	0.2006	0.2006	—
	履带式单斗液压挖掘机（斗容量1.0m³）	990106030	台班	1439.74	1.8144	1.9824	1.9824	—
	抓铲挖掘机（斗容量1.0m³）	990108040	台班	1179.09	—	—	—	7.345 08

注： 人×1.1，机×1.08

表 5-1-9 T1.26 污染土方工程——机械挖沟槽、基坑污染土方

工作内容：挖土，将土堆放一边，清理机下余土，工作面内排水，修理边坡

单位：1000m³

定额编号			T1-26-28	T1-26-29	T1-26-30
子目名称			挖掘机挖沟槽、基坑污染土	挖掘机挖沟槽、基坑湿污染土	挖掘机挖沟槽、基坑桩间污染土
基价/元			5548.18	6060.53	6060.53
其中	人工费/元		706.93	771.2	771.2
	材料费/元		—	—	—
	机械费/元		4096.69	4476.01	4476.01
	管理费/元		744.56	813.32	813.32
	利润/元		—	—	—
	综合费/元		—	—	—
分类	编码	名称	单位	单价/元	数量
人工	00010010	人工费	元	1	706.9293	771.1956	771.1956
机械	990101015	履带式推土机（功率75kW）	台班	1039.8	0.26568	0.29028	0.29028
机械	990106030	履带式单斗液压挖掘机（斗容量1.0m³）	台班	1439.74	2.65356	2.89926	2.89926

注：人×1.1，机×1.08

表 5 - 1 - 10　T1.26 污染土方工程——机械挖装污染土方

工作内容：1. 挖掘机挖装一般土方：挖土，装土，清理机下余土，工作面内排水，修理边坡
　　　　　2. 挖掘机挖装淤泥、流砂：装泥砂，流砂，清理机下余泥，工作面内排水，修理边坡

单位：1000m³

定额编号			T1-26-31	T1-26-32	T1-26-33	T1-26-34
子目名称			挖掘机挖装污染土	挖掘机挖装污染淤泥、流砂	挖掘机挖装湿润污染土	挖掘机挖装桩间污染土
基价/元			4426.18	15 904.41	4834.6	4834.6
其中	人工费/元		731.17	3968.56	797.64	797.64
	材料费/元		—	—	—	—
	机械费/元		3101.02	9801.49	3388.16	3388.16
	管理费/元		593.99	2134.36	648.8	648.8
	利润/元		—	—	—	—
	综合费/元		—	—	—	—
分类	编码	名称	单位	单价/元		数量			
人工	00010010	人工费	元	1	731.1733	3968.558	797.6436	797.6436
机械	990101015	履带式推土机（功率75kW）	台班	1039.8	0.200 88	—	0.219 48	0.219 48
	990106030	履带式单斗液压挖掘机（斗容量1.0m³）	台班	1439.74	2.0088	—	2.1948	2.1948
	990108040	抓铲挖掘机（斗容量1.0m³）	台班	1179.09	—	8.312 76	—	—

注：人×1.1，机×1.08

表 5 - 1 - 11 T1.26 污染土方工程——挖掘机装污染土方

工作内容：装土，清理机下余土

单位：1000m³

分类	编码	子目名称	单位	单价/元	T1-26-35 挖掘机装污染土	T1-26-36 挖掘机装湿污染土	T1-26-37 挖掘机装桩间污染土
		定额编号			T1-26-35	T1-26-36	T1-26-37
		子目名称			挖掘机装污染土	挖掘机装湿污染土	挖掘机装桩间污染土
		基价/元			2823.1	3083.67	3083.67
其中		人工费/元			428.2	467.13	467.13
		材料费/元			—	—	—
		机械费/元			2016.04	2202.71	2202.71
		管理费/元			378.86	413.83	413.83
		利润/元			—	—	—
		综合费/元			—	—	—
		名称	单位	单价/元		数量	
人工	00010010	人工费	元	1	428.2003	467.1276	467.1276
机械	990101015	履带式推土机（功率75kW）	台班	1039.8	0.27	0.295	0.295
	990106030	履带式单斗液压挖掘机（斗容量1.0m³）	台班	1439.74	1.20528	1.31688	1.31688

注：人×1.1，机×1.08

表 5 - 1 - 12   T1.26 污染土方工程——装载机装污染土方

工作内容：装土，清理机下余土

单位：1000m³

定额编号				T1 - 26 - 38	T1 - 26 - 39	T1 - 26 - 40
子目名称				装载机装污染土	装载机装湿污染土	装载机装桩间污染土
基价/元				2480.41	2709.25	2709.25
其中	人工费/元			428.2	467.13	467.13
	材料费/元			—	—	—
	机械费/元			1719.34	1878.54	1878.54
	管理费/元			332.87	363.58	363.58
	利润/元			—	—	—
	综合费/元			—	—	—
分类	名称	编码	单位	单价/元	数量	
人工	人工费	00010010	元	1	428.2003	467.1276	467.1276
机械	轮胎式装载机（斗容量1.5m³）	990110030	台班	752.71	2.2842	2.4957	2.4957

注：人×1.1，机×1.08

表 5 – 1 – 13　T1.26 污染土方工程——自卸汽车运污染土方、污染淤泥及流砂

工作内容：等待装、运、卸土方或淤泥、流砂、空回

单位：1000 m³

定额编号				T1 – 26 – 41	T1 – 26 – 42	T1 – 26 – 43	T1 – 26 – 44
子目名称				自卸汽车运污染土		自卸汽车运污染淤泥、流砂	
				运距	每增加 1km	运距	每增加 1km
				1km 内		1km 内	
基价/元				8802.15	2124.66	13 203.22	2655.82
其中	人工费/元			—	—	—	—
	材料费/元			—	—	—	—
	机械费/元			7620.91	1839.53	11 431.36	2299.41
	管理费/元			1181.24	285.13	1771.86	356.41
	利润/元			—	—	—	—
	综合费/元			—	—	—	—
分类	名称	编码	单位	单价/元	数量		
机械	自卸汽车装载（质量15t）	990402040	台班	1216.62	6.264	1.512	9.396	1.89

注：人×1.1，机×1.08

工作内容：铲土、运土、卸土及平整、修理边坡，工作面内排水

表 5 - 1 - 14　T1.26 污染土方工程——铲运机铲运污染土方

单位：1000m³

定额编号				T1 - 26 - 45	T1 - 26 - 46
子目名称				铲运机铲运污染土	
				运距	每增加 50m
				200m 内	
基价/元				6540.74	942.06
其中	人工费/元			654.54	—
	材料费/元			—	—
	机械费/元			5008.44	815.64
	管理费/元			877.76	126.42
	利润/元			—	—
	综合费/元			—	—
分类	编码	名称	单位	单价/元	数量	
人工	00010010	人工费	元	1	654.5374	—
机械	990101015	履带式推土机（功率75kW）	台班	1039.8	0.4752	0.0756
	990112020	拖式铲运机（斗容量7m³）	台班	1066.31	4.2336	0.6912

注：人×1.1，机×1.08

表 5 - 1 - 15　T1.26 污染土方工程——推土机推污染土方

工作内容：推土，推平，修理边坡，工作面内排水

单位：1000m³

定额编号				T1 - 26 - 47	T1 - 26 - 48
子目名称				推土机推污染土	
				运距	每增加 10m
				20m 内	
基价/元				3566.28	1016.49
其中	人工费/元			654.54	—
	材料费/元			—	—
	机械费/元			2433.15	880.08
	管理费/元			478.59	136.41
	利　润/元			—	—
	综合费/元			—	—
分类	编码	名称	单位	单价/元	数　量
				1	
人工	00010010	人工费	元	1	654.5374	—
机械	9901011025	履带式推土机（功率105kW）	台班	1198.36	2.0304	0.7344

注：人×1.1，机×1.08

表 5－1－16　T1.26　污染土方工程——机械转堆和垂直运输

工作内容：1. 挖掘机接力挖运土方、将土方运到地面集中堆放或装车
　　　　　2. 安装机械设备、搭设运便道、垂直运输土方到闸槽、坑上面

单位：见表

定额编号					T1-26-49	T1-26-50	T1-26-51
子目名称					挖掘机转堆污染土（每次）	机械垂直运输污染土	机械垂直运输污染淤泥、流砂
单位					$1000m^3$	$100m^3$	$100m^3$
基价/元					3773.15	1170.57	1170.57
其中	人工费/元				654.54	380.68	380.68
	材料费/元				—	26	26
	机械费/元				2612.26	610.29	610.29
	管理费/元				506.35	153.6	153.6
	利润/元				—	—	—
	综合费/元				—	—	—
分类	编码	名称	单位	单价/元	数量		
人工	00010010	人工费	元	1	654.5374	380.6814	380.6814
材料	99450760	其他材料费	元	1	—	26	26
机械	990106030	履带式单斗液压挖掘机（斗容量1.0m³）	台班	1439.74	1.8144	—	—
	990503020	电动单筒慢速卷扬机（牵引力30kN）	台班	281.46	—	1.8792	1.8792
	990504050	卷扬机架（单笼5t内，架高40m内）	台班	43.3	—	1.8792	1.8792

注：人×1.1，机×1.08

工作内容：翻土及修整

表 5 - 1 - 17　T1.26 污染土方工程——污染土翻抛

单位：100m³

定 额 编 号				T1 - 26 - 52	T1 - 26 - 53
子 目 名 称				人工浅翻	机械翻抛
基 价/元				10 734.37	4384.26
其中	人工费/元			9293.83	654.33
	材料费/元			—	—
	机械费/元			—	3141.57
	管理费/元			1440.54	588.36
	利 润/元			—	—
	综合费/元			—	—
分类	名称	单位	单价/元	数 量	
人工	编码				
	00010010 人工费	元	1	9293.83	654.33
机械	T99005 翻抛机／翻堆机（XGFD - 3000 型）	台班	1342.55	—	2.34

表 5 - 1 - 18 T1.26 污染土方工程——污染土运输增加费

工作内容：污染土运输防护处理

单位：1000m³

分类		定 额 编 号		T1 - 26 - 54
		子 目 名 称		污染土运输增加费
		基价/元		55.00
其中		人工费/元		0.00
		材料费/元		55.00
		机械费/元		0.00
		管理费/元		0.00
		利 润/元		一
		综合费/元		一
分类	编码	名称	单位	单价/元	消耗量
材料	T99510	污染土运输增加费	元	1	55

表 5-1-19 T1.26 污染土方工程——污染土堆高

工作内容：土方整形

单位：1000m³

分类	定额编号			子目名称		单位	单价/元	T1-26-55	T1-26-56
								污染土堆高	
								5m以内	10m以内
		基价/元						299.62	434.22
	其中		人工费/元					38.19	45.58
			材料费/元					6.84	6.84
			机械费/元					215.3	324.45
			管理费/元					39.29	57.35
			利润/元					—	—
			综合费/元					—	—
	编码	名称			单位			数量	
人工	00010010	人工费			元	1		38.19	45.58
材料	99450760	其他材料费			元	1		6.84	6.84
机械	990101020	履带式推土机（功率90kW）			台班	1138.52		0.05	0.07
	990106030	履带式单斗液压挖掘机（斗容量1.0m³）			台班	1439.74		0.11	0.17

5.2 污染土处理工程

5.2.1 说明

本节定额包括土壤预处理、固化/稳定化修复、土方入窑、热脱附修复、土壤淋洗、化学氧化修复、土壤养护、筛上物冲洗、膜大棚安装、注入井点、监测井点，共 11 个部分。

1. 土壤预处理

土壤预处理包括污染土筛分及破碎、对筛分及破碎后的污染土按要求进行水分调节、定期洒水养护。

（1）污染土筛分及破碎分为污染土初筛、污染土破碎筛分以及淋洗前污染土筛分分离。

①污染土初筛主要针对基坑开挖过程中土壤中的建筑垃圾、大型石块等体积较大的固体废物，筛分要求是筛分出粒径 200mm 以上的固体废物。筛分完成后收集堆放。

②污染土破碎筛分主要针对污染土初筛完成后的土壤，筛分出粒径 50mm 以下的土块，对分选出的粒径 50mm 以上的石块进行收集堆放，剩余土块破碎为粒径 50mm 以下。

③淋洗前污染土筛分分离主要针对采用土壤淋洗修复工艺的土壤，筛分分离成粒径 <1mm 的黏土，1～20mm 的砂粒进入土壤淋洗设备，对粒径为 20～50mm 的石块进行收集堆放处理。

（2）对筛分及破碎后的污染土按要求进行水分调节，包括药剂调节含水率、自然风干调节含水率以及晾晒调节含水率。含水率按修复实施方案要求来确定。土方调节含水率定额中以采用生石灰调节含水率从 60% 至 30% 为参考情况。施工单位需根据土壤修复的实际项目过程、土壤自身含水率、修复工艺要求的目标含水率以及使用药剂种类不同作换算调整。

2. 固化/稳定化修复

固化/稳定化修复可按处理污染土的位置不同分为原位固化/稳定化修复及异位固化/稳定化修复。

固化/稳定化修复中添加药剂对土壤进行混合搅拌，混合搅拌次数不应少于 3 遍。

固化/稳定化修复定额中，选用的修复药剂的主要材料为铁基、钙基以及粘接剂等，药剂掺入比例为 4%～5%，药剂混合充分度为 90%～95%。选用的修复药剂处理的土壤污染物类型为铅、镉、砷、锌、铬、镍、锑等重金属，污染物浓度在超筛选值倍数的 1.5 倍以内，定额的工、料、机消耗量按污染土方量在 1500～10 000m³ 的情况考虑。根据土壤修复项目实际情况，修复实施方案要求应综合考虑土壤含污染物类型、污染物浓度、使用的药剂类型、药剂的掺入比例以及药剂混合充分度。药剂类型与实际要求不同时，按修复实施方案要求进行换算。药剂价格根据修复实施方案按照市场价格计算。药剂定额消耗量与实际不同时，可按实际使用数量进行换算。污染土方量大于 10 000m³ 的，根据修复实施方案乘以 0.87 ~ 0.98 的系数；污染土方量小于 1500m³ 的，则乘以 1.2 的系数。

3. 热脱附修复

热脱附修复按照修复工艺的不同分为原地异位直接热脱附以及原地异位间接热脱附。

热脱附修复定额中，定额考虑的土壤污染物类型为半挥发性有机物、多环芳烃和杀虫剂，热脱附处理温度为 500 ~ 800°C，停留时间为 30 ~ 45min。处理的污染土方量按 2000 ~ 30 000m³ 考虑。污染土方量大于 30 000m³ 的，根据修复实施方案乘以 0.93 ~ 1 的系数；污染土方量小于 2000m³ 的，则乘以 1.5 的系数。

定额按照常规热脱附修复工艺流程进行处理。其中，旋风除尘器、布袋除尘器、冷凝降温系统、除雾器、控制系统以及油水分离器的台班费用及定额消耗量根据修复实施方案要求进行换算，定额综合考虑其他机械台班数量和消耗量，实际使用不同时，不得换算。

4. 土壤淋洗

按照淋洗的污染物不同分为异位有机物污染土壤淋洗和异位重金属污染土壤淋洗。

异位有机物土壤淋洗定额中，选用的修复药剂的主要材料为表面活性剂等，药剂掺入比例为 4% ~ 6%，每次淋洗后水消耗率为 16.5%，水土比为 5:1 到 10:1，淋洗时间为 30 ~ 60min。选用的修复药剂处理的土壤污染物类型为石油烃及半挥发性有机物，污染物浓度按超筛选值倍数的 1.1 倍以内考虑。

异位重金属土壤淋洗定额中，选用的修复药剂的主要材料为酸液及络合剂等，药剂掺入比例为 4% ~ 6%，每次淋洗后水消耗率为 16.5%，水土比为 5:1 到 10:1，淋洗时间为 30 ~ 40min。选用的修复药剂处理的土壤污染物类型为铅、镉、砷、锌、铬、镍、锑等重金属，污染物浓度按超筛选值倍数的 1.1 倍以内考虑。

5. 化学氧化修复

化学氧化修复可按处理污染土位置的不同分为原位化学氧化修复及异位化学氧化修复。

化学氧化修复中添加药剂对土壤进行混合搅拌，混合搅拌次数不应少于 3 遍。

化学氧化修复定额中，选用的修复药剂的主要材料为过硫酸盐及增效剂等，药剂掺入比例为 2% ~ 4%，药剂混合充分度为 90% ~ 95%。选用的修复药剂处理的土壤含污染物类型为石油烃及半挥发性有机物，污染物浓度按超筛选值倍数的 1.1 倍以内考虑，污染土方量按 1500 ~ 10 000m³ 的情况考虑。根据土壤修复项目实际情况，修复实施方案要求应综合考虑土壤含污染物类型、污染物浓度、使用的药剂类型、药剂的掺入比例以及药剂混合充分度。药剂类型与实际要求不同时，按修复实施方案要求进行换算。药剂价格根据修复实施方案按照市场价格计算。药剂定额消耗量与实际不同时，可按实际使用数量进行换算。污染土方量大于 10 000m³ 的，根据修复实施方案乘以 0.90 ~ 0.99 的系数；污染土方量小于 1500m³ 的，则乘以 1.2 的系数。

6. 土壤养护

土壤养护定额按照土壤养护时间为 7 天考虑。

7. 筛上物冲洗

筛上物冲洗包含对筛上物的喷洗，清洗后产生的废水的收集和处理在二次污染防治措施中考虑。

8. 膜大棚安装

膜大棚安装定额中只考虑现场的拼装，计价时应按修复实施方案中的具体要求计算主材。部分封闭式膜大棚、无负压充气膜大棚的租赁费用可参考表5-2-1。

表5-2-1　封闭式膜大棚、无负压充气膜大棚租赁费用参考表

大棚种类	尺寸	租赁价格/元	单位
封闭式膜大棚	跨度20m，长度50m	1.06	m²·月
	跨度30m，长度50m	1.69	m²·月
	跨度40m，长度50m	2.46	m²·月
无负压充气膜大棚	跨度20m，长度50m	0.95	m²·月
	跨度30m，长度50m	1.52	m²·月
	跨度40m，长度50m	2.21	m²·月
注：封闭式膜大棚、无负压充气膜大棚的租赁费用中已包括照明、通风等设备，以及按照修复实施方案应在大棚中运转的修复设备配套的配电系统。			

钢结构膜大棚按照采购费用考虑，费用可参考表5-2-2。

表5-2-2　钢结构膜大棚采购价格参考表

大棚种类	尺寸	采购价格/元	单位
钢结构膜大棚	跨度20m，长度50m	445	m²
注：钢结构膜大棚采购费用中已包括照明、通风等设备，以及按照修复实施方案应在大棚中运转的修复设备配套的配电系统。			

9. 注入井点及监测井点

注入井点及监测井点均按照井管深度10m考虑，包含了成井、管道安装及拆除、管道使用；如井管深度不为10m，则原定额可换算为每1m价格进行计算。

井点项目适用于粉砂土、砂质粉土或淤泥质夹薄层砂性土的地层。

井点使用时间按修复实施方案确定。井点材料使用摊销量中已包括拆除时的材料损耗量。

井点成孔过程中产生的泥水处理及挖沟排水工作应另行计算。

井点布置位置及井点深度根据修复实施方案确定。

5.2.2　工程量计算规则

1. 土壤预处理

污染土初筛、污染土破碎筛分、淋洗前污染土筛分分离工程量按需进行土壤预处理的

污染土天然体积以"m³"计算。

调节含水率工程量按修复实施方案中污染土天然体积以"m³"计算。

2. 固化/稳定化修复

原位、异位固化/稳定化工程量均按照实际需要固化/稳定化处理的天然土方体积以"m³"计算。

3. 土方入窑

土方入窑工程量按照入窑的土方天然体积以"m³"计算。

4. 热脱附修复

直接、间接热脱附修复工程量按照需进行热脱附修复的污染土天然体积以"m³"计算。

5. 土壤淋洗

有机物、重金属土壤淋洗工程量按照需进行土壤淋洗的污染土天然体积以"m³"计算。

6. 化学氧化修复

原位、异位化学氧化修复工程量按照需进行修复的体积以"m³"计算。

7. 土壤养护

土壤养护工程量按照需进行土壤养护的土壤体积以"m³"计算。

8. 筛上物冲洗

筛上物冲洗工程量按照筛上物体积以"m³"计算。

9. 膜大棚安装

膜大棚安装工程量按照修复大棚的投影面积以"m²"计算。

10. 注入井点

注入井点成井按实际布置的井点根数以"根"计算。

注入井点管道安装及拆除按实际布置的井点根数以"根"计算。

11. 监测井点

监测井点成井按实际布置的井点以"根"计算。

监测井点管道安装及拆除按实际布置的井点以"根"计算。

5.2.3 污染土处理工程定额

污染土处理工程定额子目如表5-2-3～表5-2-18所示。

表 5 - 2 - 3   T1.28 污染土处理工程——污染土初筛

工作内容：筛分出土方中大块石块及建筑垃圾，分类归堆

单位：100m³

分类	编码	名称	单位	单价/元	数量
			定额编号		T1 – 28 – 1
			子目名称		污染土初筛
			基价/元		1975.3
其中			人工费/元		288.94
			材料费/元		—
			机械费/元		1421.28
			管理费/元		265.08
			利润/元		—
			综合费/元		—
人工	00010010	人工费	元	1	288.94
机械	T99001	360挖掘机（ALLU），铲斗（ZX360 – 5A/ALLU – DH3 – 23X75）	台班	2842.55	0.5

工作内容：筛分、破碎污染土至要求粒径以下，破碎筛分分离成粒径 1mm 以下的粘土，粒径 1～20mm 的砂粒及粒径 20～50mm 的土块

表 5-2-4 T1.28 污染土处理工程——污染土破碎筛分

单位：100m³

分类		定额编号				T1-28-2	T1-28-3
		子目名称				污染土破碎筛分	淋洗前污染土筛分分离
		基价/元				2615.34	650.57
其中			人工费/元			276	288.94
			材料费/元			38.14	—
			机械费/元			1955.34	274.32
			管理费/元			345.86	87.31
			利润/元			—	—
			综合费/元			—	—
	编码	名称	单位	单价/元		数量	
人工	00010010	人工费	元	1		276	288.94
材料	99450760	其他材料费	元	1		38.14	—
机械	T99013	湿法振动筛（型号：PCL-177；外形尺寸：2940mm×3944mm×4402mm；生产能力：163～357t/h）	台班	342.9		—	0.8
	T99019	筛分破碎斗（DH3-23 型）	台班	3555.16		0.55	—

注：1. 污染土破碎筛分要求将粒径在 50mm 以下。

2. 淋洗前污染土筛分分离要求将土壤分离成粒径 1mm 以下。

表 5-2-5　T1.28 污染土处理工程——土方调节含水率

工作内容：掺生石灰、搅拌、铺摊、翻抛

单位：100m³

定额编号					T1-28-4	T1-28-5	T1-28-6
子目名称					药剂调节含水率	自然风干调节含水率	晾晒调节含水率
基价/元					760.89	486.93	449.33
其中	人工费/元				287.66	261.49	261.49
	材料费/元				1	8.14	–
	机械费/元				370.25	153.05	127.54
	管理费/元				101.98	64.25	60.3
	利润/元				—	—	—
	综合费/元				—	—	—
分类	编码	名称	单位	单价/元	数量		
人工	00010010	人工费	元	1	287.66	261.49	261.49
材料	04090015	生石灰	t	303.17	0	—	—
	99450760	其他材料费	元	1	1	8.14	—
机械	T99001	360挖掘机（ALLU），铲斗（ZX360-5A/ALLU-DH3-23X75）	台班	2842.55	0.1	—	—
	T99005	翻抛机/翻堆机（XGFD-3000型）	台班	1342.55	—	0.114	0.095
	T99034	自卸汽车（装载质量4.5t）	台班	409.51	0.21	—	—

表5-2-6　T1.28 污染土处理工程——固化/稳定化修复

工作内容：添加药剂、搅拌、堆放

单位：100m³

定额编号			T1-28-7	T1-28-8
子目名称			原位固化/稳定化处理	异位固化/稳定化处理
基价/元			33 557.2	25 593.89
其中	人工费/元		560.99	290.29
	材料费/元		25 645.17	24 350.51
	机械费/元		6289.25	786.23
	管理费/元		1061.79	166.86
	利润/元		—	—
	综合费/元		—	—
分类	名称	单位	单价/元	数量	
人工	人工费　00010010	元	1	560.9875	290.2887
材料	其他材料费　99450760	元	1	9.17	66.51
	固化稳定化药剂　T99500	t	2600	9.86	9.34
机械	深层喷射搅拌机（15m以内）　990220070	台班	495.2	—	1.17
	螺旋输送机（GLS300×11946）　T99007	台班	176.79	—	1.17
	液压式搅拌机　T99028	台班	3228.19	1.42	—
	加药输送装置　T99032	台班	738.19	2.31	—

表 5 - 2 - 7　T1.28 污染土处理工程——污染土方入窑

工作内容：掺生石灰、搅拌、铺摊、翻抛

单位：100m³

定额编号				T1-28-9
子目名称				污染土方入窑
基价/元				654.79
其中	人工费/元			31.68
	材料费/元			—
	机械费/元			535.24
	管理费/元			87.87
	利润/元			—
	综合费/元			—
分类	编码	名称	单位	单价/元	数量
人工	00010010	人工费	元	1	31.68
机械	990110020	轮胎式装载机（B1200×12000mm）	台班	633.6	0.69
	T99010	皮带输送机（斗容量1m³）	台班	129.02	0.76

表 5 - 2 - 8 T1.28 污染土处理工程——热脱附修复

工作内容: 1. 污染土壤进入热转窑后, 分离污染土壤中的污染物, 废气通过旋风除尘、冷却降温、布袋除尘、碱液淋洗等环节去除尾气中的污染物
2. 用燃烧器均匀加热转窑外部, 分离污染土壤中的污染物, 废气经燃烧后再经过滤、冷凝、超滤等环节去除其中的污染物排出, 再进行油水分离、最后浓缩、回收有机污染物

单位: 100m³

	定 额 编 号				T1 - 28 - 10	T1 - 28 - 11
	子 目 名 称				原地异位热脱附	
					直接	间接
	基价/元				43 244.48	37 232.43
其中	人工费/元				4366.85	2486.38
	材料费/元				21 664.41	18 179.37
	机械费/元				14 317.19	14 009.78
	管理费/元				2896.03	2556.9
	利 润/元				—	—
	综合费/元				—	—
分类	编码	名 称	单位	单价/元	数 量	
人工	00010010	人工费	元	1	4366.85	2486.38
材料	34110010	水	m³	4.58	130.8	50.5
	34110040	电	kW·h	0.77	2755.1	1503.3
	T99501	天然气	m³	3.35	5654.9	5012.1

续上表

	定 额 编 号				T1-28-10	T1-28-11
机械	T99002	布袋除尘器(型号:CDDM-928,处理风量:50 000m³/h)	台班	0	0	—
	T99004	二燃室(Φ2420×18 000mm)	台班	765.18	—	2.2
	T99006	卧式活性炭吸附器 Q345 (型号:BSC-WSHXTXFQ-32,处理量:32 000m³/d,外形尺寸:5370mm×2000mm×2300mm)	台班	1015.67	2	1.5
	T99008	排气筒/烟囱 Q235 (直径1m,高度17m)	台班	128.41	2	1.5
	T99009	碱液喷淋塔(设计风量:6439 Nm³/h)	台班	164.33	15.5	11.6
	T99011	燃烧器及釜体外部	台班	2413.88	2.3	2.2
	T99012	热转窑 非标(Φ2340×28 000mm)	台班	938.96	2.3	2.2
	T99016	雾化冷却塔(2600×15 000,处理风量:50 000m³/h)	台班	885.19	2	1.5
	T99017	旋风除尘器(XF2000,处理风量:50 000m³/h)	台班	0	0	—
	T99021	控制系统	台班	0	2	1.5
	T99022	冷凝降温系统/管式换热器(10HP,1.00)	台班	0	0	0
	T99023	除雾器(DV880)	台班	0	0	0
	T99030	油水分离器(SYF-3B型)	台班	0	0	—

表 5 – 2 – 9　T1.28　污染土处理工程——异位有机物污染土壤淋洗

工作内容：使用药剂进行土壤淋洗，然后进入泥浆处理系统进行沉淀和压滤处理

单位：100m³

分类	编码	子 目 名 称	单位	单价/元	数 量
		定 额 编 号			T1 – 28 – 12
		子 目 名 称			异位有机物污染土壤淋洗
		基 价/元			12 795.73
		人工费/元			738.25
其中		材料费/元			11 124.46
		机械费/元			708.74
		管理费/元			224.28
		利　润/元			—
		综合费/元			—
		名称	单位	单价/元	数 量
人工	00010010	人工费	元	1	738.2475
材料	34110010	水	m³	4.58	82.5
	99450760	其他材料费	元	1	18.83
	T99505	有机物淋洗药剂	t	4291.11	2.5
机械	T99010	皮带输送机（B1200×12 000mm）	台班	129.02	0.8
	T99024	滚筒清洗机（DQXJ190x490）	台班	168.97	0.8
	T99026	水平振荡器（YKS – 12）	台班	193.77	0.8
	T99027	厢式压滤机（200 型）	台班	394.17	0.8

表 5 - 2 - 10　T1.28 污染土处理工程——异位重金属污染土壤淋洗

工作内容：土壤淋洗，分级后的细颗粒进入泥浆处理系统进行沉淀和压滤处理　　　　　　　　　　　　　　　　　　　　　　单位：100m³

	定额编号			T1 - 28 - 13
	子目名称			异位重金属污染土壤淋洗
	基价/元			13 722.95
其中	人工费/元			738.25
	材料费/元			12 051.68
	机械费/元			708.74
	管理费/元			224.28
	利润/元			—
	综合费/元			—
分类	编码	名称	单位	单价/元	数量
---	---	---	---	---	---
人工	00010010	人工费	元	1	738.2475
材料	34110010	水	m³	4.58	82.5
	99450760	其他材料费	元	1	18.83
	T99506	重金属淋洗药剂	t	3862	2.5
	T99511	沉淀剂	t	2000	1
机械	T99010	皮带输送机（B1200×12 000mm）	台班	129.02	0.8
	T99024	滚筒清洗机（DQXJ190x490）	台班	168.97	0.8
	T99026	水平振荡器（YKS-12）	台班	193.77	0.8
	T99027	厢式压滤机（200型）	台班	394.17	0.8

表5-2-11 T1.28 污染土处理工程——化学氧化修复

工作内容：添加药剂、搅拌、堆放

单位：100m³

分类	编码	名称	单位	单价/元	数量 T1-28-14 原位化学氧化修复	数量 T1-28-15 异位化学氧化修复
		定额编号			T1-28-14	T1-28-15
		子目名称			原位化学氧化修复	异位化学氧化修复
		基价/元			35 448.04	30 534.71
		人工费/元			560.99	290.29
其中		材料费/元			27 386.87	24 968.81
		机械费/元			6418.38	4528.67
		管理费/元			1081.8	746.94
		利润/元			—	—
		综合费/元			—	—
人工	00010010	人工费	元	1	560.9875	290.2887
材料	99450760	其他材料费	元	1	9.57	80.36
	T99507	化学氧化药剂	t	4977.69	5.5	5
	T99025	混合搅拌装置（ALLU），强力搅拌头（PMX500HD）	台班	3254.02	—	1.32
机械	T99028	液压式搅拌机	台班	3228.19	1.46	—
	T99029	螺旋输送机（GLS300×11 946）	台班	176.79	—	1.32
	T99032	加药输送装置	台班	738.19	2.31	—

表 5 – 2 – 12　T1.28 污染土处理工程——土壤养护

工作内容：洒水、翻土

单位：1000m³

定额编号				T1 – 28 – 16
子目名称				土壤养护
基价/元				2883.26
其中	人工费/元			366.91
	材料费/元			57.07
	机械费/元			2080.01
	管理费/元			379.27
	利 润/元			—
	综合费/元			—
分类	编码	名称	单位	单价/元	数 量
人工	00010010	人工费	元	1	366.91
材料	34110010	水	m³	4.58	12
	99450760	其他材料费	元	1	2.11
机械	9901060030	履带式单斗液压挖掘机（斗容量1m³）	台班	1439.74	1.36
	990409020	洒水车（罐容量4000L）	台班	580.78	0.21

表5－2－13　T1.28 污染土处理工程——筛上物冲洗

工作内容：喷洗

单位：100m³

定 额 编 号				T1－28－17
子 目 名 称				筛上物冲洗
基 价/元				831.12
其中	人工费/元			338.25
	材料费/元			208.67
	机械费/元			200.67
	管理费/元			83.53
	利 润/元			—
	综合费/元			—
分类	编码	名称	单位	单价/元	数 量
---	---	---	---	---	---
人工	00010010	人工费	元	1	338.2475
材料	34110010	水	m³	4.58	38.18
	99450760	其他材料费	元	1	33.81
机械	T99031	高压清洗喷枪	台班	165.84	1.21

表 5-2-14 T1.28 污染土处理工程——封闭式膜结构大棚

工作内容：封闭式膜大棚及其附属配件运输、定位、拼接、安装、固定

单位：100m²

	定额编号			T1-28-18
	子目名称			封闭式膜大棚安装
	基价/元			6787.7
其中	人工费/元			4891.07
	材料费/元			435.37
	机械费/元			608.78
	管理费/元			852.48
	利润/元			—
	综合费/元			—
分类	编码	名称	单位	单价/元	数量
---	---	---	---	---	---
人工	00010010	人工费	元	1	4891.068
材料	99450760	其他材料费	元	1	435.37
	T99513	封闭式膜大棚	m²·月	0	101
机械	990304004	汽车式起重机（提升质量8t）	台班	919.66	0.52
	990401030	载货汽车（装载质量8t）	台班	631.63	0.179
	990904030	直流弧焊机（容量20kV·A）	台班	83.49	0.15
	990919010	电焊条烘干箱（容量450×350×450cm³）	台班	19.89	0.25

表 5 - 2 - 15　T1.28 污染土处理工程——无负压充气膜大棚

工作内容：膜铺设、定位、固定、安装

单位：100m²

定额编号			T1 - 28 - 19
子目名称			无负压充气膜大棚安装
基价/元			26 787.62
其中	人工费/元		9167.24
	材料费/元		14 565.31
	机械费/元		1414.85
	管理费/元		1640.22
	利润/元		—
	综合费/元		—

分类	编码	名称	单位	单价/元	数量
人工	00010010	人工费	元	1	9167.24
材料	99450760	其他材料费	元	1	435.37
	T99517	无负压充气膜大棚	m²·月	105	101
	T99519	钢索	m	18	195.83
机械	990401030	载货汽车（装载质量 8t）	台班	631.63	2.24

表 5-2-16　T1.28 污染土处理工程——钢结构膜大棚

工作内容：钢结构膜大棚及其附属配件运输、定位、拼接、安装、固定

单位：100m²

定额编号				T1-28-20
子目名称				钢结构膜大棚拼装
基价/元				7690.72
其中	人工费/元			5434.52
	材料费/元			483.67
	机械费/元			805.35
	管理费/元			967.18
	利润/元			—
	综合费/元			—
分类	编码	名称	单位	单价/元	数量
---	---	---	---	---	---
人工	00010010	人工费	元	1	5434.52
材料	99450760	其他材料费	元	1	483.67
	T99512	钢结构膜大棚	m²·月	0	101
机械	990304004	汽车式起重机（提升质量 8t）	台班	919.66	0.72
	990401030	载货汽车（装载质量 8t）	台班	631.63	0.199
	990904030	直流弧焊机（容量 20kV·A）	台班	83.49	0.15
	990919010	电焊条烘干箱（容量 450×350×450cm³）	台班	19.89	0.25

工作内容：1. 成井：钻孔、成孔
　　　　　 2. 安装：井管装配、地面试管、铺总管、装拆水泵、钻机安拆、钻孔沉管、灌砂封口、连接、试抽
　　　　　 3. 拆除：拔管、拆管、灌砂、清洗整理、堆放

表 5 - 2 - 17　T1.28　污染土处理工程——注入井点

单位：根

定额编号			T1 - 28 - 21	T1 - 28 - 22
子目名称			成井	管道安装及拆除
			井管深 10m	
基价/元			1691.84	2477.92
其中	人工费/元		176.32	22.84
	材料费/元		35.11	2442.01
	机械费/元		1258.08	8.25
	管理费/元		222.33	4.82
	利润/元		—	—
	综合费/元		—	—
分类	编码	名称	单位	单价/元	数 量	
人工	00010010	人工费	元	1	176.32	22.84
材料	04030015	中砂	m³	78.68	—	1.41
	17310120	滤网管	根	68.38	—	11
	18310080	回水连接件	副	1.09	—	2
	20010350	碳钢平焊法兰（1.6MPa DN150）	副	126.72	—	2
	99450760	其他材料费	元	1	35.11	6.24
	T99503	注入井点井管（D76）	m	119.73	—	11
机械	990212145	液压钻机（Φ500 内）	台班	796.25	1.58	—
	990302010	履带式起重机（提升质量 10t）	台班	824.74	—	0.01

5　建设用地土壤修复工程定额子目

— 95 —

表5-2-18 T1.28 污染土处理工程——监测井点

工作内容：1. 成井：钻孔、成孔
2. 安装：井管装配、地面试管、铺总管、装拆水泵、钻机安拆、钻孔沉管、灌砂封口、连接、试抽
3. 拆除：拔管、拆管、灌砂、清洗整理、堆放

单位：根

定额编号					T1-28-23	T1-28-24
子目名称					成井	管道安装及拆除
					井管深10m	
基价/元					1691.84	2477.92
其中	人工费/元				176.32	22.84
	材料费/元				35.11	2442.01
	机械费/元				1258.08	8.25
	管理费/元				222.33	4.82
	利润/元				—	—
	综合费/元				—	—
分类	编码	名称	单位	单价/元	数量	
人工	00010010	人工费	元	1	176.32	22.84
材料	04030015	中砂	m³	78.68	—	1.41
	17310120	滤网管	根	68.38	—	11
	18310080	回水连接件	副	1.09	—	2
	20010350	碳钢平焊法兰（1.6MPa DN150）	副	126.72	—	2
	99450760	其他材料费	元	1	35.11	6.24
	T99503	注入井点井管（D76）	m	119.73	—	11
机械	990212145	液压钻机（Φ500内）	台班	796.25	1.58	—
	990302010	履带式起重机（提升质量10t）	台班	824.74	—	0.01

5.3 二次污染防治工程

5.3.1 说明

本节定额包括密目网铺设、土工布铺设、防渗膜铺设、臭气及挥发性有机物防治、抑制扬尘、固定式洒水喷淋系统、危险废物清理处理、危险废物装车、废水处理、废气处理，共10个部分。

臭气、挥发性有机物防治定额考虑的范围包括土壤修复区和场内运输道路区域的有机物防治。

抑制扬尘定额适用于对修复区内堆放、等待修复的污染土方进行降尘处理。

固定式洒水喷淋系统定额包含塑料给水管、喷头、水表、阀门及相关配件的安装、调试等费用，计价时根据施工组织设计按照市场价格换算。适用于运输道路的降尘处理。

废气处理定额适用于修复大棚内扬尘及挥发性有机物产生的废气，不包括热脱附设备产生的废气。废气处理定额按采用活性炭吸附装置进行废气处置来考虑。若采用的设备工艺与实际要求不同时，按修复实施方案要求进行换算，材料价格根据修复实施方案按照市场价格计算。活性炭定额消耗量与实际不同时，可按实际使用数量进行换算。废水处理定额按处理污水为重金属/有机物复合污染废水考虑，废水处理药剂为高分子絮凝剂。药剂类型与实际要求不同时，按修复实施方案进行换算，药剂价格根据修复实施方案按照市场价格计算。药剂定额消耗量与实际不同时，可按实际使用数量进行换算。

5.3.2 工程量计算规则

1. 一般计算规则

（1）密目网铺设、土工布铺设、防渗膜铺设的工程量结合经审批的修复实施方案按实际覆盖面积以"m^2"计算。

（2）臭气及挥发性有机物防治工程量根据经审批的修复实施方案中的土壤修复区和场内运输道路区域以"m^2"计算。

2. 抑制扬尘

抑制扬尘根据修复区内堆放、待修复污染土方工程量以"m^3"计算。

3. 固定式洒水喷淋系统

固定式洒水喷淋系统工程量根据经审批的修复实施方案以"延长米"计算。

4. 危险废物清理处理

危险废物的人工清理以及危险废物的机械清理的工程量根据经审批的修复实施方案，按土壤修复过程中产生的危险废物以"t"计算。

5. 危险废物装车

危险废物装车的工程量根据经审批的修复实施方案，按土壤修复过程中产生的危险废物以"t"计算。

6. 废水处理

废水处理工程量结合经审批的修复实施方案以"m³"计算。

7. 废气处理

废气处理工程量根据经审批的修复实施方案，按照须处理的污染土体积以"m³"计算。

5.3.3 二次污染防治工程定额

二次污染防治工程定额子目如表5-3-1～表5-3-10所示。

表 5 - 3 - 1　T1.29 二次污染防治工程——铺密目网

工作内容：土方堆铺密目网

单位：100m²

定额编号				T1 - 29 - 1
子目名称				铺密目网
基价/元				307.73
其中	人工费/元			128.66
	材料费/元			159.13
	机械费/元			—
	管理费/元			19.94
	利润/元			—
	综合费/元			—
分类	名称	编码	单位	单价/元	数量
人工	人工费	00010010	元	1	128.66
材料	其他材料费	99450760	元	1	3.51
	密目网	T99502	元	1.21	128.61

表5-3-2 T1.29 二次污染防治工程——土工布铺设

工作内容：土工布铺设　　　　　　　　　　　　　　　　　　　单位：100m²

				定额编号	T1-29-2	T1-29-3	T1-29-4	T1-29-5
				子目名称	土工布铺设-平铺	土工布铺设-斜铺	铺土工布-淤泥	铺土工布-软土
				基价/元	1046.78	1090.02	2235.32	1293.13
其中				人工费/元	156.14	168.38	1188.54	462.33
				材料费/元	704.57	717.28	862.56	759.14
				机械费/元	140.15	154.34	—	—
				管理费/元	45.92	50.02	184.22	71.66
				利润/元	—	—	—	—
				综合费/元	—	—	—	—
分类	编码	名称	单位	单价/元	数量			
人工	00010010	人工费	元	1	156.14	168.38	1188.54	462.33
材料	02270070	土工布	m²	6.69	104.7	106.6	111.5	111.5
	03010065	铁钉	kg	7.56	—	—	—	1.19
	04050180	片石	m³	58.3	—	—	1.92	—
	99450760	其他材料费	元	1	4.13	4.13	4.69	4.21
机械	990110060	轮胎式装载机（斗容量3m³）	台班	1319.45	0.1	0.11	—	—
	99451170	其他机械费	元	1	8.2	9.2	—	—

表 5 - 3 - 3　T1.29 二次污染防治工程——防渗膜铺设

工作内容：场内运输、清理整平基底、裁剪、铺设、焊接、焊缝检测、修补

单位：100m²

定额编号				T1－29－6	T1－29－7
子目名称				高密度聚乙烯（HDPE）膜铺设	
				平铺	斜铺
基价/元				3908.98	4076.36
其中	人工费/元			162.77	195.29
	材料费/元			3541.55	3635.82
	机械费/元			155.35	186.13
	管理费/元			49.31	59.12
	利润/元			—	—
	综合费/元			—	—
分类	编码	名称	单位	单价/元	数量	
人工	00010010	人工费	元	1	162.77	195.29
材料	99450760	其他材料费	元	1	20.51	21.06
	T99508	HDPE 防渗膜	m²	33.47	105.2	108
机械	990110060	轮胎式装载机（斗容量 3m³）	台班	1319.45	0.101	0.121
	99451170	其他机械费	元	1	5	6
	T99003	单轨焊接机（型号：FUSION 3；规格参数：230V／3500W）	台班	55.19	0.101	0.121
	T99014	双轨焊接机（COMET）	台班	114.01	0.101	0.121

— 101 —

表 5-3-4 T1.29 二次污染防治工程——臭气、挥发性有机物防治

工作内容：喷洒药剂

单位：100m²

定额编号				T1-29-8
子目名称				气味抑制剂喷洒
基价/元				568.8
其中	人工费/元			280.11
	材料费/元			245.27
	机械费/元			—
	管理费/元			43.42
	利润/元			—
	综合费/元			—
分类	编码	名称	单位	单价/元	数量
人工	00010010	人工费	元	1	280.11
材料	34110010	水	m³	4.58	12.84
	99450760	其他材料费	元	1	6.48
	T99514	背负式喷雾机	台班	188.19	0.53
	T99518	气味抑制剂	kg	68	1.18

表 5 - 3 - 5　T1.29 二次污染防治工程——抑制扬尘

工作内容：洒水

单位：100m³

定额编号				T1 - 29 - 9	T1 - 29 - 10	T1 - 29 - 11
子目名称				人工洒水	洒水车降尘	炮雾机降尘
基价/元				527.34	430.34	510.65
其中	人工费/元			381.99	203.04	236.17
	材料费/元			72.67	54.96	54.96
	机械费/元			11.66	121.96	158.37
	管理费/元			61.02	50.38	61.15
	利　润/元			—	—	—
	综合费/元			—	—	—
分类	编码	名称	单位	单价/元	数　量	
人工	00010010	人工费	元	1	381.99	203.04	236.17
材料	34110010	水	m³	4.58	12	12	12
	34110040	电	kW·h	0.77	23	—	—
机械	990409020	洒水车（罐容量 4000L）	台班	580.78	—	0.21	—
	990801010	电动单级离心清水泵（出口直径 50mm）	台班	30.69	0.38	—	—
	T99020	移动式炮雾机（70~100m）	台班	1439.74	—	—	0.11

表 5 - 3 - 6 T1.29 二次污染防治工程——固定式洒水喷淋系统

工作内容：系统安装、调试

定额编号	T1 - 29 - 12	单位：m
子目名称	固定式洒水喷淋系统	
基价/元	40.4	
其中	人工费/元	—
	材料费/元	40.4
	机械费/元	—
	管理费/元	—
	利润/元	—
	综合费/元	—

分类	编码	名称	单位	单价/元	数量
材料	T99515	固定式洒水喷淋设备	m	40	1.01

工作内容：清理、人工装袋、清扫干净

表 5 - 3 - 7 T1.29 二次污染防治工程——危险废物清理处理

单位：t

		定 额 编 号			T1 - 29 - 13	T1 - 29 - 14
		子 目 名 称			危险废物人工整理	危险废物机械整理
		基价/元			165.09	156.68
其中		人工费/元			65.89	30.84
		材料费/元			88.99	87.81
		机械费/元			—	28.79
		管理费/元			10.21	9.24
		利 润/元			—	—
		综合费/元			—	—
分类	编码	名称	单位	单价/元	数 量	
人工	00010010	人工费	元	1	65.89	30.84
材料	02190210	编织袋	条	4.27	20.33	20.33
	99450760	其他材料费	元	1	2.18	1
机械	990106030	履带式单斗液压挖掘机（斗容量 1m³）	台班	1439.74	—	0.02

表 5 - 3 - 8　T1.29 二次污染防治工程——危险废物装车

工作内容：装车、运输

单位：t

定额编号			T1 - 29 - 15	T1 - 29 - 16
子目名称			人工装车	机械装车
基价/元			50.52	14.11
其中	人工费/元		42.11	5.01
	材料费/元		1.88	1
	机械费/元		—	6.34
	管理费/元		6.53	1.76
	利 润/元		—	—
	综合费/元		—	—
	名称	单位	单价/元	数 量
分类	编码			
人工	00010010	人工费	元	1	42.11	5.01
材料	99450760	其他材料费	元	1	1.88	1
机械	990110020	轮胎式装载机（斗容量 1m³）	台班	633.6	0	0.01

表 5 - 3 - 9 T1.29 二次污染防治工程——废水处理

工作内容：投放药剂

单位：m³

定额编号			T1 - 29 - 17		
子目名称			废水处理		
基价/元			69.53		
其中	人工费/元		13.67		
	材料费/元		1.38		
	机械费/元		45.33		
	管理费/元		9.15		
	利润/元		—		
	综合费/元		—		
分类	编码	名称	单位	单价/元	数量
人工	00010010	人工费	元	1	13.67
材料	T99504	废水处理药剂	kg	3.82	0.36
机械	T99018	一体化污水处理设备（Q＝100L/h，压力0.3MPa，功率0.37kW）	台班	266.67	0.17

表5-3-10 T1.29 二次污染防治工程——废气处理

工作内容：收集、处理、排放

单位：100m³

定额编号				T1-29-18
子目名称				尾气处理
基价/元				5954.17
其中	人工费/元			288.56
	材料费/元			4437.68
	机械费/元			1024.42
	管理费/元			203.51
	利润/元			—
	综合费/元			—
分类	编码	名称	单位	单价/元	数量
人工	00010010	人工费	元	1	288.56
材料	99450760	其他材料费	元	1	6.48
	T99516	活性炭	t	7640	0.58
机械	T99015	尾气处理系统	台班	185.92	5.51

5.4 设备安装工程

5.4.1 说明

本节定额包括滚筒清洗机、水平振荡器、压滤机、湿法振动筛、热脱附设备、一体化废水处理设备、大棚废气处理设备等。

设备安装均包含施工准备、开箱点件、配合基础验收、定位、吊装、组装、焊接、安装、调试。

本节设备安装均未包括以下内容：

（1）设备自安装现场指定堆放点外的搬运工作；

（2）因场地狭小，有障碍物，沟、坑等所引起的设备、材料、机具等增加的搬运、装拆工作；

（3）设备整机、机件、零件、附件的处理、修补、修改、加工、制作、研磨以及测量等工作；

（4）非与设备本体联体的附属设备或构件等的安装、制作、刷油、防腐、保温等工作和脚手架搭拆工作；

（5）负荷试运转、生产准备试运转工作。

本节定额是按照国内大多数施工企业普遍采用的施工方法、机械化程度和合理的劳动组织编制的，除另有说明外，均不得因上述因素有差异而对定额进行调整和换算。

本节设备的拆除费用按对应定额的人工费以及机具费乘以系数 0.3 考虑。

5.4.2 工程量计算规则

本节设备安装工程量区分设备类型、材质、规格、型号和参数，均按照安装设备的图示数量以"台"计算。

5.4.3 设备安装工程定额

设备安装工程定额子目如表 5-4-1～表 5-4-7 所示。

表 5－4－1 T1.30 设备安装工程——滚筒清洗机

工作内容：施工准备、开箱点件、配合基础验收、定位、吊装、组装、焊接、安装、调试

单位：台

分类		定 额 编 号			T1－30－1	
		子 目 名 称			滚筒清洗机安装	
		基 价/元			3114.02	
	其中	人工费/元			1959.59	
		材料费/元			325.48	
		机械费/元			454.73	
		管理费/元			374.22	
		利 润/元			一	
		综合费/元			一	
	编码	名称	单位	单价/元	数 量	
人工	00010010	人工费	元	1	1959.59	
材料	01030055	镀锌低碳钢丝（Φ2.5～4.0）	kg	5.38	0.95	
	01290003	钢板（综合）	kg	3.44	0.6	
	02270001	棉纱	kg	11.47	0.75	
	02270020	白布	kg	2.75	0.28	
	03135001	低碳钢焊条（综合）	kg	6.01	2.42	
	03213071	斜垫铁（Q195～Q235 1#）	kg	3.62	0.47	
	03213251	平垫铁（Q195～Q235 1#）	kg	6.82	0.45	

续上表

分类	编码	名称	单位	单价/元	数量
	03213261	平垫铁（Q195～Q235 2#）	kg	6.82	0.3
	05030200	木板	m³	1630.62	0.02
	05030265	枕木	m³	1329.2	0.09
	14030030	煤油	kg	4.29	2.06
	14030040	汽油（综合）	kg	6.38	1.73
	14070050	机油（综合）	kg	6.96	1.01
	14090030	黄甘油	kg	6.46	0.19
材料	14210100	生胶	kg	11.91	0.14
	14210110	熟胶	kg	12.88	0.14
	14350710	橡胶溶剂（120#）	kg	6.18	0.02
	14390070	氧气	m³	5.16	6.81
	14390100	乙炔气	kg	13.3	2.84
	99450760	其他材料费	元	1	30.69
	990304016	汽车式起重机（提升质量16t）	台班	1156.64	0.1
机械	990305020	叉式起重机（提升质量5t）	台班	557.45	0.32
	990401030	载货汽车（装载质量8t）	台班	631.63	0.2
	990901010	交流弧焊机（容量21kV·A）	台班	64.83	0.53

工作内容：施工准备、开箱点件、配合基础验收、定位、吊装、组装、焊接、安装

表5-4-2 T1.30设备安装工程——水平振荡器

单位：台

定 额 编 号			T1-30-2
子 目 名 称			水平振荡器安装
基价/元			1872.73
其中	人工费/元		1163.12
	材料费/元		294.79
	机械费/元		203.06
	管理费/元		211.76
	利 润/元		—
	综合费/元		—
分类	编码	名称	单位	单价/元	数 量
人工	00010010	人工费	元	1	1163.12
材料	01030055	镀锌低碳钢丝（Φ2.5~4.0）	kg	5.38	0.92
	01290003	钢板（综合）	kg	3.44	0.58
	02270001	棉纱	kg	11.47	0.72
	02270020	白布	kg	2.75	0.13
	03135001	低碳钢焊条（综合）	kg	6.01	2.48
	03213071	斜垫铁（Q195~Q235 1#）	kg	3.62	0.45
	03213251	平垫铁（Q195~Q235 1#）	kg	6.82	0.42
	03213261	平垫铁（Q195~Q235 2#）	kg	6.82	0.3

续上表

分类	编码	名称	单位	单价/元	数 量
材料	05030200	木板	m³	1630.62	0.02
	05030265	枕木	m³	1329.2	0.07
	14030030	煤油	kg	4.29	2.01
	14030040	汽油（综合）	kg	6.38	1.68
	14070050	机油（综合）	kg	6.96	0.98
	14090030	黄甘油	kg	6.46	0.184
	14210100	生胶	kg	11.91	0.04
	14210110	熟胶	kg	12.88	0.04
	14350710	橡胶溶剂（120#）	kg	6.18	0.03
	14390070	氧气	m³	5.16	6.81
	14390100	乙炔气	kg	13.3	2.84
	99450760	其他材料费	元	1	30.69
机械	990304016	汽车式起重机（提升质量16t）	台班	1156.64	0.1
	990305020	叉式起重机（提升质量5t）	台班	557.45	0.12
	990401030	载货汽车（装载质量8t）	台班	631.63	0.03
	990901010	交流弧焊机（容量21kV·A）	台班	64.83	0.024

表5－4－3 T1.30 设备安装工程——压滤机

工作内容：施工准备、开箱点件、配合基础验收、定位、吊装、组装、焊接、安装、调试

单位：台

定额编号				T1－30－3
子目名称				压滤机安装
基价/元				1149.3
其中	人工费/元			798.01
	材料费/元			139.82
	机械费/元			76
	管理费/元			135.47
	利润/元			—
	综合费/元			—
分类	编码	名称	单位	单价/元	数量
---	---	---	---	---	---
人工	00010010	人工费	元	1	798.01
材料	01030055	镀锌低碳钢丝（Φ2.5～4.0）	kg	5.38	0.6
	01290003	钢板（综合）	kg	3.44	0.6
	02010190	耐油石棉橡胶板	kg	22.55	0.4
	02270001	棉纱	kg	11.47	0.3
	02270020	白布	kg	2.75	0.6
	03134021	铁砂布（0～2#）	张	0.94	1
	03135001	低碳钢焊条（综合）	kg	6.01	0.4
	03213041	平垫铁（综合）	kg	4.22	8.57

续上表

分类	编码	名称	单位	单价/元	数量
材料	03213051	斜垫铁（综合）	kg	6.23	5.71
	05030265	枕木	m³	1329.2	0.015
	14030030	煤油	kg	4.29	2
	14070050	机油（综合）	kg	6.96	0.8
	14090030	黄甘油	kg	6.46	0.4
	14390070	氧气	m³	5.16	0.6
	14390100	乙炔气	kg	13.3	0.2
	99450760	其他材料费	元	1	2.91
机械	990783280	台式砂轮机（砂轮直径100mm）	台班	10.79	0.25
	990904020	直流弧焊机（容量14kV·A）	台班	63.05	0.2
	991003050	电动空气压缩机（排气量6m³/min）	台班	242.77	0.25

表5-4-4 T1.30 设备安装工程——湿法振动筛

工作内容：施工准备、开箱点件、配合基础验收、定位、吊装、组装、焊接、安装、调试

单位：台

定额编号	T1-30-4
子目名称	湿法振动筛安装
基价/元	3942.44
其中 人工费/元	1980.12
材料费/元	773.92
机械费/元	763.19
管理费/元	425.21
利润/元	—
综合费/元	—

分类	编码	名称	单位	单价/元	数量
人工	00010010	人工费	元	1	1980.12
材料	01030055	镀锌低碳钢丝（Φ2.5~4.0）	kg	5.38	15.32
	01290003	钢板（综合）	kg	3.44	11.14
	02270001	棉纱	kg	11.47	2.15
	02270020	白布	kg	2.75	3.16
	03135001	低碳钢焊条（综合）	kg	6.01	10.1
	03213071	斜垫铁（Q195~Q235 1#）	kg	3.62	7.11
	03213251	平垫铁（Q195~Q235 1#）	kg	6.82	14.17
	03213261	平垫铁（Q195~Q235 2#）	kg	6.82	13.16

续上表

分类	编码	名称	单位	单价/元	数量
材料	05030200	木板	m³	1630.62	0.05
	05030265	枕木	m³	1329.2	0.04
	14030030	煤油	kg	4.29	3.15
	14030040	汽油（综合）	kg	6.38	4.16
	14070050	机油（综合）	kg	6.96	6.16
	14090030	黄甘油	kg	6.46	2.11
	14210100	生胶	kg	11.91	2.1
	14210110	熟胶	kg	12.88	2.11
	14350710	橡胶溶剂（120#）	kg	6.18	0.13
	14390070	氧气	m³	5.16	0.25
	14390100	乙炔气	kg	13.3	4.32
	99450760	其他材料费	元	1	4
机械	990304016	汽车式起重机（提升质量16t）	台班	1156.64	0.13
	990305020	叉式起重机（提升质量5t）	台班	557.45	0.2
	990401030	载货汽车（装载质量8t）	台班	631.63	0.26
	990901010	交流弧焊机（容量21kV·A）	台班	64.83	5.2
	T99033	湿法振动筛（型号：PCL-177；外形尺寸：2940mm×3944mm×4402mm；生产能力：163~357t/h）	台	0	1

表5-4-5 T1.30 设备安装工程——热脱附系统

工作内容：就位、组装、安装、调试、控制系统

单位：台

分类	编码	名称	单位	单价/元	T1-30-5 传送装置设备安装	T1-30-6 回转窑体设备安装	T1-30-7 二燃室设备安装	T1-30-8 除尘装置设备安装	T1-30-9 冷却装置设备安装	T1-30-10 吸附装置设备安装	T1-30-11 尾气排放装置设备安装
		定额编号			T1-30-5	T1-30-6	T1-30-7	T1-30-8	T1-30-9	T1-30-10	T1-30-11
		子目名称			传送装置设备安装	回转窑体设备安装	二燃室设备安装	除尘装置设备安装	冷却装置设备安装	吸附装置设备安装	尾气排放装置设备安装
		基价/元			3894.28	59980.83	37019.32	6037.18	6968.54	2864.42	2851.3
其中		人工费/元			2301.82	6930.75	4652.87	1095.23	1189.96	1246.27	1055.72
		材料费/元			407.51	9270.13	9177.69	373.53	473.58	215.2	195.87
		机械费/元			717.03	36974.62	19452.44	3808.36	4433.38	1047.43	1243.35
		管理费/元			467.92	6805.33	3736.32	760.06	871.62	355.52	356.36
		利润/元			—	—	—	—	—	—	—
		综合费/元			—	—	—	—	—	—	—
								数量			
人工	00010010	人工费	元	1	2301.82	6930.75	4652.87	1095.23	1189.96	1246.27	1055.72
材料	01030215	镀锌铁丝（综合）	kg	5.38	8.48	48.98	79.2	0.7	0.97	0.28	5.56
	01290003	钢板（综合）	kg	3.44	5.91	121.59	129.08	1.65	2.3	0.66	1.33
	02010075	石棉橡胶板（综合）	kg	10.79	0	9.95	11.6	1.08	1.34	0.54	0.11
	02270001	棉纱	kg	11.47	0	22.58	66.48	4.22	5.25	2.11	2.52
	02270180	破布（一级）	kg	7.18	2.85	36.16	50.64	4.03	5.01	2.02	2.01
	03135270	电焊条	kg	4.29	3.76	33.92	58.76	2.66	3.55	6.89	5.82
	03213041	平垫铁（综合）	kg	4.22	4.14	652.81	251.32	5.01	7.01	2.003	0.56

续上表

分类	编码	名称	单位	单价/元	数量							
材料	03213051	斜垫铁（综合）	kg	6.23	6.81	386.64	261.32	3.92	5.48	1.57	0.81
	05010050	原木	m³	1598.86	0	0.42	0.52	—	—	—	—
	05030200	木板	m³	1630.62	0	0.33	0.21	—	—	—	—
	14030030	煤油	kg	4.29	5.55	68.19	141.6	10.08	12.52	5.04	0.88
	14030040	汽油（综合）	kg	6.38	8.76	47.55	81.52	6.58	8.17	3.29	1.11
	14070050	机油（综合）	kg	6.96	4.91	55.17	95.44	7.27	9.03	3.64	2.52
	14390070	氧气	m³	5.16	8.55	27.94	97.12	5.86	7.27	2.93	4.93
	14390105	乙炔气	m³	9	6.94	8.41	30.16	1.96	2.43	0.98	0.74
	99450760	其他材料费	元	1	18.54	222.25	320.36	30.82	38.28	25.41	22.41
	T99509	铝油	kg	7.5	0.81	2.88	7.6	0.48	0.6	0.24	0.21
机械	990304004	汽车式起重机（提升质量8t）	台班	919.66	0.48	—	—	3.37	3.98	0.95	1.08
	990304048	汽车式起重机（提升质量70t）	台班	3760.7	0	8.02	3.92	—	—	—	—
	990503050	电动单筒慢速卷扬机（牵引力100kN）	台班	380.81	0.52	10.44	8.37	0.96	0.96	0.12	0.23
	990901030	交流弧焊机（容量40kV·A）	台班	123.13	0.63	23.05	12.37	2.79	3.31	1.04	1.32

表 5-4-6 T1.30 设备安装工程——体化废水处理设备

工作内容：开箱点件、基础划线、场内运输、设备吊装就位、一次灌浆、精平、组装、附件组装、清洗、检查、加油、无负荷试运转

单位：台

分类	编码	名称	单位	单价/元	数 量
		定额编号			T1-30-12
		子目名称			一体化水处理设备安装
		基价/元			30160.63
其中		人工费/元			6465.38
		材料费/元			15288.49
		机械费/元			6410.93
		管理费/元			1995.83
		利润/元			—
		综合费/元			—
人工	00010010	人工费	元	1	6465.3825
材料	01030055	镀锌低碳钢丝（Φ2.5~4.0）	kg	5.38	233.16
	01290003	钢板（综合）	kg	3.44	456.12
	02010165	石棉橡胶板（高压1~6）	kg	11.97	128.12
	02270001	棉纱	kg	11.47	125.14
	02270180	破布（一级）	kg	7.18	89.45
	03135001	低碳钢焊条（综合）	kg	6.01	244.525
	03213071	斜垫铁（Q195~Q235 1#）	kg	3.62	365.06

续上表

分类	编码	名称	单位	单价/元	数 量
材料	03213251	平垫铁（Q195～Q235 1#）	kg	6.82	212.545
	05030200	木板	m³	1630.62	0.12
	13030240	厚漆	kg	10.26	122.25
	14030030	煤油	kg	4.29	85.16
	14030040	汽油（综合）	kg	6.38	65.85
	14070050	机油（综合）	kg	6.96	75.45
	14090030	黄甘油	kg	6.46	36.5
	14390070	氧气	m³	5.16	31.2
	14390100	乙炔气	kg	13.3	103.07
	99450760	其他材料费	元	1	85
机械	990304004	汽车式起重机（提升质量 8t）	台班	919.66	2.64
	990401030	载货汽车（装载质量 8t）	台班	631.63	3.2325
	990904030	直流弧焊机（容量 20kV·A）	台班	83.49	11.595
	990919010	电焊条烘干箱 （容量 450×350×450cm³）	台班	19.89	48.93

表 5 - 4 - 7　T1.30 设备安装工程——大棚废气处理设备安装

工作内容：开箱点件、基础划线、场内运输、设备吊装就位、一次灌浆、精平、组装、附件组装、清洗、检查、加油、无负荷试运转

单位：台

	定额编号		T1 - 30 - 13	
	子目名称		大棚废气处理设备安装	
	基价/元		17 439.94	
其中	人工费/元		987.03	
	材料费/元		15 579.88	
	机械费/元		623.41	
	管理费/元		249.62	
	利润/元		—	
	综合费/元		—	

分类	编码	名称	单位	单价/元	数量
人工	00010010	人工费	元	1	987.033
材料	01030055	镀锌低碳钢丝（Φ2.5～4.0）	kg	5.38	4.8
	01290003	钢板（综合）	kg	3.44	8
	02270001	棉纱	kg	11.47	1
	03135001	低碳钢焊条（综合）	kg	6.01	1.6
	03213071	斜垫铁（Q195～Q235 1#）	kg	3.62	10
	03213251	平垫铁（Q195～Q235 1#）	kg	6.82	4
	14030030	煤油	kg	4.29	2

续上表

分类	编码	名称	单位	单价/元	数量
材料	14390070	氧气	m³	5.16	14.8
	14390100	乙炔气	kg	13.3	4.88
	99450760	其他材料费	元	1	12.116
	T99516	活性炭	t	7640	2
机械	990304004	汽车式起重机（提升质量 8t）	台班	919.66	0.5
	990503050	电动单筒慢速卷扬机（牵引力 100kN）	台班	380.81	0.3
	990901015	交流弧焊机（容量 30kV·A）	台班	94.7	0.5
	990919010	电焊条烘干箱（容量 450×350×450cm³）	台班	19.89	0.1

6 建设用地土壤修复工程监理费用计价指引

6.1 编制依据

编制本章所依据的相关文件如下：

（1）《国家计委、国家环境保护总局关于规范环境影响咨询收费有关问题的通知》（计价格〔2002〕125 号）；

（2）《广东省环境监测行业指导价》（粤环监协〔2018〕11 号）；

（3）《关于印发〈科技部科技计划管理费管理试行办法〉的通知（国科发财字〔2005〕484 号）；

（4）《关于印发〈建设工程监理与相关服务收费管理规定〉的通知》（发改价格〔2007〕670 号）；

（5）《广州市工业企业场地环境调查、治理修复及效果评估技术要点（2018）》；

（6）《污染地块修复工程环境监理技术指南》（T/CAEPI 22—2019）；

（7）《广东省污染地块治理与修复环境监理技术指南》；

（8）《建设工程监理规范》（GB/T 50319—2013）；

（9）《建设用地土壤污染风险管控和修复监测技术导则》（HJ 25.2—2019）。

6.2 监理工作

污染土处理工程监理工作可分为工程监理和环境监理两大部分。

6.2.1 工程监理

污染土处理工程监理包括质量、进度、工程造价"三大控制"以及安全生产管理的工作内容。其中，工程质量控制主要包括：对修复单位的资质审查以及相应人员的资格审查，对修复施工方案和方法，工程所需原料、构配件、设备等进行质量控制。工程进度控制包括：审核施工进度计划是否符合合同工期的约定、施工顺序是否满足工艺要求，根据施工进度动态控制工作、协调相关单位之间的关系，保证实际施工进度能满足计划施工进度的要求。同时要对项目安全生产管理履行相应职责，发现工程存在安全事故隐患时，要求施工单位整改。

6.2.2　环境监理

接受建设单位委托后，环境监理单位应组建项目监理机构，收集污染地块修复工程的相关资料，进行现场踏勘，参加施工组织设计交底。核查修复工程内页资料，编制污染地块修复工程环境监理工作方案。项目正式施工后，开展污染地块修复工程环境监理工作，核查修复工程施工情况、环保设施运行和环保措施落实情况，开展污染物排放监督及环境影响监测工作，监督风险控制措施落实情况。针对存在的问题提出整改意见，通知修复工程施工单位并抄送建设单位。协助业主单位和修复工程施工单位组织开展修复工程环保专项预验收。最后编制修复工程环境监理报告，并向建设单位提交环境监理报告及相关档案文件。

6.3　计价说明

建设用地土壤修复工程监理费用由工程监理费用和环境监理费用两部分组成。其中，环境监理费包括环境监理服务费以及环境监测费用两部分。

工程监理费用参照国家工程监理取费标准（发改价格〔2007〕670号）。环境监理服务费参考国家工程监理取费标准（发改价格〔2007〕670号），且按照广东省市场调研水平综合测定。

环境监测费用按照国家和地方的环境监测要求，根据项目实施需要，按照广东省市场调研水平，综合考虑环境监测的监测点位、监测项目、监测频次等因素进行计价。

6.4　计价办法

土壤修复工程全部监理费用计价方式如下：

土壤修复工程的监理费用 = 工程监理费 + 环境监理服务费 + 环境监测费。

6.4.1　工程监理费

遵循公开、公平、公正、自愿的原则，根据项目实际情况，参照国家工程监理取费标准（发改价格〔2007〕670号）中的施工监理收费基价表为计价标准，实行市场调节价，浮动幅度为上下20%，如表6-4-1所示。

表6-4-1　施工监理收费基价表

单位：万元

序号	计费额	收费基价
1	500	16.5

序号	计费额	收费基价
2	1000	30.1
3	3000	78.1
4	5000	120.8
5	8000	181.0
6	10 000	218.6
7	20 000	393.4
8	40 000	708.2
9	60 000	991.4
10	80 000	1255.8
11	100 000	1507.0
12	200 000	2712.5

工程监理费按内插法分段计取，其计费额为设计概算。

以某土壤修复工程案例为例，该工程的设计概算为 2987 万元，工程监理服务收费计算如下：

$$30.1 + (78.1 - 30.1) \div (3000 - 1000) \times (2987 - 1000) = 77.788 \text{ 万元}$$

30.1——计费额为 1000 万元时的收费基价；

78.1——计费额为 3000 万元时的收费基价。

6.4.2 环境监理服务费

遵循公开、公平、公正、自愿和诚实信用的原则，根据项目实际情况，参照国家工程监理取费标准（发改价格〔2007〕670 号）中的环境监理收费基价表为计价标准，实行市场调节价，收费基价浮动幅度为上下 20%，如表 6-4-2 所示。

表6-4-2 环境监理收费基价表

单位：万元

序号	计费额	收费基价
1	500	16.17
2	1000	29.20
3	3000	75.37
4	5000	115.97
5	8000	172.86

序号	计费额	收费基价
6	10 000	207.67
7	20 000	371.76
8	40 000	665.71
9	60 000	922.00
10	80 000	1167.89
11	100 000	1401.51
12	200 000	2522.63

环境监理服务费按内插法分段计取，其计费额为设计概算。

以某土壤修复工程案例为例，该工程的设计概算为 2987 万元，环境监理服务收费计算如下：

$$29.20 + (75.37 - 29.20) \div (3000 - 1000) \times (2987 - 1000) = 75.070 \text{ 万元}$$

29.20——计费额为 1000 万元时的收费基价；

75.37——计费额为 3000 万元时的收费基价。

6.4.3　环境监测费

环境监测费用计价如下：

环境监测费用 = 大气监测费用 + 水监测费用 + 噪声监测费用。

1.　大气监测费用

大气监测费用计价如下：

大气监测费用 = 监测点位数量 × 监测指标单项费用 × 监测频次。

计价规则如下：

（1）大气监测点位布设。

①根据实际情况在地块疑似污染区域中心、主导风向（一般采用污染最严重季节的主导风向）下风向地块边界及边界外 500m 内的主要环境敏感点分别布设监测点位，监测点位距地面 1.5～2.0m。环境敏感点包括修复场地周边 500m 范围内的居民点、学校、医院、水源保护区等。

②一般情况下，应在地块的上风向设置对照监测点位。

③现场固定源大气污染监测点位设置在废气排放口 1m 处。

（2）监测项目。

大气监测项目应包括 TSP（总悬浮颗粒物）、臭气（可能涉及产生臭气污染的地块）等指标，其余指标依据具体地块实际涉及的污染物情况增加测定指标。

单项监测指标费用如表 6-4-3 所示。

表 6 - 4 - 3　大气监测项目单项监测指标费用表

项目		工作内容	单位	费用/元
固定源大气污染物监测	固定源大气污染物监测	一氧化氮	项·点·次	200
		一氧化碳	项·点·次	300
		颗粒物	项·点·次	350
		TVOC	项·点·次	1200
		臭气浓度	项·点·次	1200
	修复特征污染物	金属元素	项·点·次	第一项 300 元，5 项以内每增加一项加 200 元，5 项以上每增加一项加 100 元，最高 2500 元
		挥发性有机污染物	项·点·次	第一项 300 元，5 项以内每增加一项加 150 元，最高 3000 元
		半挥发性有机污染物	项·点·次	第一项 300 元，5 项以内每增加一项加 150 元，最高 3000 元
		农药类有机污染物	项·点·次	第一项 300 元，5 项以内每增加一项加 150 元，最高 3000 元
		其他类有机污染物	项·点·次	第一项 300 元，5 项以内每增加一项加 150 元，最高 3000 元
无组织大气监测	大气监测	PM10、PM2.5	项·点·次	350
		一氧化氮	项·点·次	200
		一氧化碳	项·点·次	300
		颗粒物	项·点·次	350
		TVOC	项·点·次	1200
		臭气浓度	项·点·次	1200
	修复特征污染物	金属元素	项·点·次	第一项 300 元，5 项以内每增加一项加 200 元，5 项以上每增加一项加 100 元，最高 2500 元
		挥发性有机污染物	项·点·次	第一项 300 元，5 项以内每增加一项加 150 元，最高 3000 元
		半挥发性有机污染物	项·点·次	第一项 300 元，5 项以内每增加一项加 150 元，最高 3000 元
		农药类有机污染物	项·点·次	第一项 300 元，5 项以内每增加一项加 150 元，最高 3000 元
		其他类有机污染物	项·点·次	第一项 300 元，5 项以内每增加一项加 150 元，最高 3000 元

（3）监测频次。

原则上每两周监测 1 次，对周边环境敏感、气味较重的大气污染物，应每周监测 1 次。最少不少于 3 次，即土壤修复工程实施前、实施过程中、治理与修复完成后各监测 1 次，根据项目要求适当提高监测频次。

2. 水监测费用

水监测费用计价如下：

水监测费用 = 监测点位数量 × 监测指标单项费用 × 监测频次。

计价规则如下：

（1）水监测点位的布设。

①地下水监测点位应沿地下水流向布设，在地下水流向上游、地下水疑似污染较严重区域和地下水下游分别布设监测点位。对于地下水流向及地下水位，结合土壤污染状况初步调查阶段性结论间隔一定距离按三角形或四边形至少布置 3~4 个点位监测判断。根据监测目的、所处含水层类型来确定监测井深度。一般情况下，采样深度应在监测井水面 0.5m 以下。

②场地内如有流经或汇集的地表水，则在地表水疑似污染严重的区域或地表水径流的下游设置监测点。如有必要可在地表水上游一定距离设置对照监测点位。

③若地块治理与修复过程中设置临时污水处理站用于处理受污染地下水、生活污水和冲洗废水、基坑积水，则废水监测点位应布设于污水处理站出水口；

④采用热脱附、淋洗法等治理与修复技术的应在废水排放口布点。

（2）监测项目。

废水监测指标应包括浊度、悬浮物、pH、COD、BOD、溶解氧等常规指标以及土壤和地下水涉及的需治理与修复的目标污染物。地下水监测指标包括土壤和地下水涉及的需修复的目标污染物。

单项监测指标费用如表 6-4-4 所示。

表 6-4-4　废水监测项目单项监测指标费用表

项目		工作内容	单位	单价区间/元
地下水、废水监测	常规监测污染物	pH	项·点·次	50
		悬浮物	项·点·次	120
		化学需氧量（COD）	项·点·次	120
		石油类（油类）	项·点·次	200
		总磷（磷酸盐、元素磷）	项·点·次	120
		色度	项·点·次	80
		浊度（浑浊度）	项·点·次	80

项目		工作内容	单位	单价区间/元
地下水、废水监测	常规监测污染物	总残渣、可滤残渣、可溶解性总固体	项·点·次	120
		五日生化需氧量（BOD₅）	项·点·次	200
		氨氮	项·点·次	100
	修复特征污染物	金属元素	项·点·次	第一项200元，5项以内每增加一项加120元，5项以上每增加一项加80元，最高2000元
		挥发性有机污染物	项·点·次	第一项300元，5项以内每增加一项加200元，5项以上每增加一项加80元，最高3500元
		半挥发性有机污染物	项·点·次	第一项300元，5项以内每增加一项加200元，5项以上每增加一项加80元，最高3500元
		农药类有机污染物	项·点·次	第一项300元，5项以内每增加一项加200元，5项以上每增加一项加80元，最高3500元
		其他类有机污染物	项·点·次	第一项300元，5项以内每增加一项加200元，5项以上每增加一项加80元，最高3500元

（3）监测频次。

若现场设立污水处理设备且废水进行回用，则废水监测次数取决于废水回用次数；否则，按原则每两周监测 1 次，最少不少于 3 次，即在土壤修复工程实施前、实施过程中、治理与修复完成后各监测 1 次。

3. 噪声监测费用

噪声监测费用计价如下：

噪声监测费用 = 监测点位数量 × 监测指标单项费用 × 监测频次。

计价规则如下：

（1）噪声监测点位布设。

噪声环境监测点应布设于地块治理与修复区域边界及地块外周边环境敏感点，对周边有环境敏感点的每 500 米范围至少布设 1 个监测点位。

（2）噪声监测项目。

为监督工程治理与修复区域及其影响区域的噪声环境质量达到相应的标准，应在地块治理与修复区域周边有代表性的环境敏感点测定等效连续 A 声级，夜间施工需测定夜间噪声最大声级。

单项监测指标费用如表 6 – 4 – 5 所示。

表 6 – 4 – 5　噪声监测项目单项监测指标费用表

项目	工作内容	单位	单价区间/元
噪声	厂界噪声、敏感点噪声检测	点	日间噪声 100；夜间噪声 150

（3）监测频次。

按原则每两周监测 1 次，最少不少于 3 次，至少在土壤修复工程实施前、实施过程中、治理与修复完成后各监测 1 次。

7 建设用地土壤修复效果评估费用计价指引

7.1 编制依据

编制本章所依据的相关文件如下：

（1）《国家计委、国家环境保护总局关于规范环境影响咨询收费有关问题的通知》（计价格〔2002〕125 号）；

（2）《建设项目前期工作咨询收费暂行规定》（计价格〔1999〕1283 号）；

（3）《广东省环境监测行业指导价》（粤环监协〔2018〕11 号）；

（4）《国家计委、建设部关于发布〈工程勘察设计收费管理规定〉的通知》（计价格〔2002〕10 号）中的取土、水、石试样实物工作收费实价表；

（5）《关于印发〈科技部科技计划管理费管理试行办法〉的通知》（国科发财字〔2005〕484 号）。

7.2 效果评估内容

污染地块风险管控与土壤修复效果评估的工作内容包括：更新地块概念模型、布点采样与实验室检测、修复效果评估、提出后期环境监管建议、编制效果评估报告。

污染地块风险管控与土壤修复效果评估应对土壤是否达到修复目标、风险管控是否达到规定要求、地块风险是否达到可接受水平等情况进行科学、系统的评估，提出后期环境监管建议，为污染地块管理提供科学依据。

7.3 计价说明

效果评估项目收费分为效果评估咨询服务费和土壤采样分析检测费两部分。

效果评估的技术与规范参考《污染地块风险管控与土壤修复效果评估技术导则》（HJ 25.5—2018）以及《广州市工业企业场地环境调查、治理修复及效果评估技术要点》。《广州市工业企业场地环境调查、治理修复及效果评估技术要点》中若有比《污染地块风险管控与土壤修复效果评估技术导则》（HJ 25.5—2018）要求更严格的地方，按照《广州市工业企业场地环境调查、治理修复及效果评估技术要点》执行；其余内容按照《污染地块风险管控与土壤修复效果评估技术导则》（HJ 25.5—2018）执行。

7.4　计价办法

效果评估费用由两部分组成，分别为效果评估咨询服务费和采样检测费。
计价方式如下：

$$效果评估费用 = 效果评估咨询服务费 + 采样检测费。$$

7.4.1　效果评估咨询服务费

遵循公开、公平、公正、自愿和诚实信用的原则，根据项目实际情况，参照《工程勘察设计收费管理规定》（计价格〔2002〕10 号）中的工程设计收费基价表为计价标准，实行市场调节价，浮动幅度为上下 20%，如表 7 - 4 - 1 所示。

表 7 - 4 - 1　效果评估咨询服务费收费基价表

单位：万元

序号	计费额	收费基价
1	200	7.6
2	500	17.5
3	1000	32.0
4	3000	87.0
5	5000	135.0
6	8000	200.0
7	10 000	230.0
8	20 000	440.0
9	40 000	840.0
10	60 000	1200.0
11	80 000	1520.0
12	100 000	1800.0

以某土壤修复工程案例为例，该工程的设计概算为 2987 万元，则其计费额为 2987 万元，效果评估咨询服务费计算如下：

$$32 + （87 - 32）÷ （3000 - 1000）× （2987 - 1000） = 86.643 万元$$

32——计费额为 1000 万元时的收费基价；

87——计费额为 3000 万元时的收费基价。

7.4.2 采样检测费

采样检测费用计价如下：

土壤样品检测费用 = 采样点位数量 × 检测指标单项费用。

计价规则如下：

1．采样点位布设

（1）基坑清理效果评估布点。

基坑底部和侧壁推荐最少采样点数量见表 7 − 4 − 2。

表 7 − 4 − 2　基坑底部和侧壁推荐最少采样点数量

基坑面积/m²	坑底采样点数量/个	侧壁采样点数量/个
$x < 100$	2	4
$100 \leqslant x < 1000$	3	5
$1000 \leqslant x < 1500$	4	6
$1500 \leqslant x < 2500$	5	7
$2500 \leqslant x < 5000$	6	8
$5000 \leqslant x < 7500$	7	9
$7500 \leqslant x < 12\,500$	8	10
$x > 12\,500$	网格大小不超过 40m × 40m	采样点间隔不超过 40m

基坑底部采用系统布点法，基坑侧壁采用等距离布点法，布点位置参见图 7 − 4 − 1。

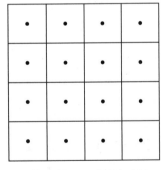

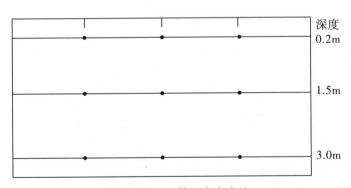

基坑底部——系统布点法　　　　　　基坑侧壁——等距离布点法

图 7 − 4 − 1　基坑底部和侧壁的布点位置

当基坑深度大于 1m 时，侧壁应进行垂向分层采样，应考虑地块土层性质与污染垂向分布特征，在污染物易富集位置设置采样点，各层采样点之间垂向距离不大于 3m，具体根据实际情况确定。

（2）土壤异位修复效果评估布点。

评估对象：土壤异位修复后的土壤堆体。

采样时间一般在土壤修复完成后、再利用之前。按照堆体模式进行异位修复的土壤，在堆体拆除之前进行采样；异位修复后的土壤堆体，根据修复进度进行分批采样。

修复后的土壤原则上每个采样单元（每个样品代表的土方量）不应超过 500m³；也可根据修复后土壤中污染物浓度分布特征参数计算修复差变系数，根据不同差变系数查询计算对应的推荐采样数量（见表 7-4-3）。

对于按批次处理的修复技术，在符合前述要求的同时，每批次至少采集 1 个样品。

对于按照堆体模式处理的修复技术，若在堆体拆除前采样，在符合前述要求的同时，应结合堆体大小设置采样点，推荐数量参见表 7-4-4。

表 7-4-3　修复后土壤最少采样点数量

差变系数	采样单元大小/m³
0.05~0.20	100
0.20~0.40	300
0.40~0.60	500
0.60~0.80	800
0.80~1.00	1000

表 7-4-4　堆体模式修复后土壤最少采样点数量

堆体体积/m³	采样单元数量/个
<100	1
100~300	2
300~500	3
500~1000	4
每增加 500	增加 1 个

（3）土壤原位修复效果评估布点。

评估对象：原位修复后的土壤。

原位修复后的土壤在修复完成后进行采样，原位修复的土壤可按照修复进度、修复设施设置等情况分区域采样。

原位修复后的土壤水平方向上采用系统布点法，推荐采样数量参照表 7-4-2。垂直方向上的采样深度应不小于调查评估确定的污染深度以及修复可能造成污染物迁移的深度，根据土层性质设置采样点，原则上垂向采样点之间距离不大于 3m，具体根据实际情况确定。

结合地块污染分布、土壤性质、修复设施设置等，在高浓度污染物聚集区、修复效果薄弱区、修复范围边界处等位置增设采样点。

（4）土壤修复二次污染区域布点。

评估对象：修复过程中的潜在二次污染区域。

潜在二次污染区域包括污染土壤暂存区、修复设施所在区、固体废物或危险废物堆存区、运输车辆临时车道、土壤或地下水待检区、废水暂存处理区、修复过程中污染物迁移涉及区域、其他可能的二次污染区域。

潜在二次污染区域土壤原则上根据修复设施设置、潜在二次污染来源等资料判断布点，也可采用系统布点法设置采样点，采样点数量可参照表7-4-3。

潜在二次污染区域样品以去除杂质后的土壤表层样为主（0~20cm），不排除深层采样。

2. 检测项目

效果评估检测项目包括基坑侧壁、底部及修复后土壤的特征污染物的含量，包括重金属及无机物、挥发性有机污染物、半挥发性有机污染物、重金属毒性浸出污染物、总石油烃。

单项检测指标价格如表7-4-5所示。

表7-4-5　效果评估检测项目单项检测指标价格表

项目	工作内容	单位	单价区间/元	计价依据
土壤样品分析	重金属和无机物	项	150 元/项	按照 2019 年四季度市场价格
	挥发性有机污染物	项	250 元/项	
	半挥发性有机污染物	项	250 元/项	
	重金属毒性浸出污染物	项	350 元/项	
	总石油烃	项	1200 元/项	

8 建设用地土壤修复工程造价咨询费用计价指引

8.1 编制依据

编制本章所依据的文件如下：

《关于调整我省建设工程造价咨询服务收费的复函》（粤价函〔2011〕742 号）。

8.2 计价说明

以下收费标准为最高收费标准，委托双方可在最高收费标准范围内协商确定具体收费标准。

造价咨询费不足 2000 元的按 2000 元收取。

工程主材无论是否计入工程造价，均应计入取费基数。合同包干价加签证项目，包干价部分应计入取费基数。

工程预算的编制或审核、工程结算的编制或审核的收费标准不包括钢筋及预埋件的计算，凡要求计算钢筋及预埋件的按相对应的收费标准另行收费。

8.3 计价办法

按照《关于调整我省建设工程造价咨询服务收费的复函》（粤价函〔2011〕742 号）中的附件《广东省建设工程造价咨询服务收费项目和收费标准表》进行计价，如表 8 - 3 - 1 所示。

表8-3-1 广东省建设工程造价咨询服务收费项目和收费标准表

序号	咨询项目名称	服务内容	收费基数	最高收费标准（单位：万元）						备注
				100以内	101~500	501~1000	1001~5000	5001~10000	10000以上	
1	投资估算的编制或审核	依据建设项目可行性研究方案编制或核对项目投资估算，出具投资估算报告或审核报告	估算价	1.3‰	1.1‰	0.9‰	0.7‰	0.5‰	0.4‰	差额定率累进计费
2	工程概算的编制或审核	依据初步设计图纸计算或复核工程量，出具工程概算书或审核报告	概算价	2‰	1.8‰	1.6‰	1.3‰	1.2‰	1.1‰	差额定率累进计费
3	工程预算的编制或审核 清单计价法 单独编制或审核工程量清单	依据施工图编制或核对工程量清单，出具工程量清单书或审核报告	预算造价（预算价、招标控制价）	3‰	2.5‰	2.4‰	2.2‰	2‰	1.8‰	差额定率累进计费
	单独编制或审核预算造价	依据施工图、工程量清单编制或核对工程量清单报价，出具工程报价书或审核报告	预算造价（预算价、招标控制价、投标报价）	1.8‰	1.6‰	1.4‰	1.2‰	0.9‰	0.8‰	差额定率累进计费
	定额计价法 编制或审核预算造价	依据施工图编制或核对工程预算，出具工程预算书或审核报告	预算造价（预算价、招标控制价、投标报价）	3.5‰	3‰	2.8‰	2.7‰	2.4‰	2‰	差额定率累进计费

续上表

序号	咨询项目名称		服务内容	收费基数	最高收费标准（单位：万元）						备注
					100以内	101~500	501~1000	1001~5000	5001~10000	10000以上	
4	工程结算的编制		依据竣工图等竣工资料编制工程结算，出具工程结算书	结算价	4.5‰	4‰	3.5‰	3.3‰	3‰	2.5‰	差额定率累进计费
5	工程结算审核	基本收费	依据竣工图、鉴证资料、工程结算书等进行审核，出具工程结算审核报告	送审结算价	2.8‰	2.5‰	2.2‰	1.6‰	1.3‰	1‰	基本收费为差额定率累进计费；总收费＝基本收费＋效益收费
		效益收费		|核减额|+|核增额|	5%						
6	施工阶段全过程造价控制		工程量清单编制开始到工程结算审核的造价咨询服务	概算价	12‰	11‰	10‰	9‰	8‰	7‰	差额定率累进计费；不包括驻场人员的费用

续上表

序号	咨询项目名称	服务内容	收费基数	最高收费标准（单位：万元）						备注
				100以内	101~500	501~1000	1001~5000	5001~10000	10000以上	
7	工程造价纠纷鉴证	受委托进行鉴证	鉴证后标的额	12‰	10‰	8‰	7‰	6‰	5‰	差额定率累进计费；被告有单方造价或双方均无造价
		受委托进行鉴证	争议差额	争议差额在1000万以下（含1000万）按5%收取，1000万以上按4%收取						双方各有造价
8	钢筋及预埋件计算	依据施工图纸、设计计算、标准施工操作规程计算或审核钢筋（或铁件）重量，提供完整的钢筋（或铁件）重量计算明细表、汇总表或审核报告	按实际钢筋使用量	12元/吨						
9	工程造价咨询工日收费标准	受委托派出专业人员从事工程造价咨询服务	工时	具有高级工程师职称的注册造价师：190元/（人·工作小时）；注册造价师或高级职称的咨询人员：150元/（人·工作小时）；工程造价中级资格专业人员：100元/（人·工作小时）；工程造价初级资格专业人员：60元/（人·工作小时）						

9 软件使用说明

9.1 软件说明

"广东省土壤修复工程造价计价软件"是与《广东省土壤修复工程造价指引》相配套的计价软件，由广州市殷雷信息技术有限公司负责开发和提供技术支持，广州市节能环保技术应用交流促进会负责推广、使用培训及管理用户。

9.2 软件的技术特点

该计价软件具有以下六个特点：

（1）采用云计算应用模式，注册账号后进行登录即可使用，无需加密狗。

（2）全新互联网技术开发，适用操作系统 Windows XP \ 78110，完全绿色安装。

（3）计价软件作为造价云平台客户端，编制好的文件可通过云端进行在线管理。

（4）优化重构业务数据结构，大幅度提高计算运行速度，提升软件使用性能。

（5）以项目为中心管理造价文件，工程造价编制分工协作，消除文件管理乱象。

（6）秉承传统的简洁、优美风格，操作界面层次分明，让人一目了然。

9.3 软件的主要界面介绍

1. 登录界面（见图9-3-1）

图9-3-1 计价软件的登录界面

2. 主菜单（见图9-3-2）

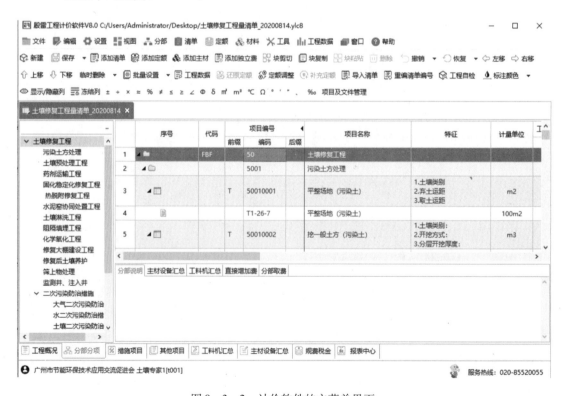

图9-3-2 计价软件的主菜单界面

9.4　软件服务

各用户在使用过程中有什么问题和建议，可通过以下方式与之联系。

技术支持：广州市殷雷信息技术有限公司。

电话：020－85535560、85535601、85546670

附　录

附录1　污染场地修复技术介绍

一、土壤修复技术分类

土壤修复应对措施可分为3种：

①对正在产生的危害或污染及时清除和转移；

②对场地的用途进行限制或禁入；

③采用工程手段对场地进行修复。

以上分类方式中，第一种是清除行动，第二种是制度控制，第三种是工程修复。制度控制和工程控制属于修复行动，而土壤修复工程是典型的采用工程手段对场地进行修复的方式。根据美国环保局的定义：制度控制是依据法律和行政的手段和方法来保护人类的健康和场地的环境安全；而工程控制是采取物理的手段（如封盖、包裹、泥浆墙、抽提井）或者其他处理方法来降低污染物的水平或限制其暴露途径，进而管理环境和健康风险。

二、污染土壤常用修复技术简介

根据广州市环境技术中心编制的《广州市工业企业场地土壤污染修复治理技术汇编（2018版）》以及省内的土壤修复工程案例，筛选出8种修复技术，作为场地修复责任主体在进行场地土壤修复时的技术路线选择、招标、造价控制以及决策参考。下面针对土壤中的主要污染物及目前常用的重金属污染物修复技术进行概要性介绍。

（一）原位固化/稳定化技术

1. 技术适用性

（1）可处理的污染物类型：主要适用于重金属及砷化合物等污染物；有时也用于石棉、氰化物及部分有机污染物。

（2）应用限制条件：一般不适用于单质汞、挥发性氰化物、挥发性有机污染物。

（3）未来不进行开挖等扰动的污染土壤修复项目可选择该技术。

2. 技术介绍

（1）原理：通过一定的机械力在原位向污染介质中添加固化/稳定化药剂，在充分混合的基础上，使其与污染介质、污染物发生物理、化学作用，将污染介质固封在结构完整的、具有低渗透系数的固态材料中，或将污染物转化成化学性质不活泼的形态，减少污染物在环境中的迁移和扩散。

（2）系统构成和实施过程。

系统构成：主要由机械深翻松动装置系统、试剂调配及输料系统、工程现场取样监测系统以及长期稳定性监测系统等组成。

原位固化/稳定化技术实施过程如下：

①根据污染场地情况选择回转式混合机、挖掘机、螺旋钻等钻探装置对深层污染介质进行深翻搅动，并在机械装置上方安装灌浆喷射装置；

②通过液压驱动、液压控制将药剂直接输送到喷射装置，运用搅拌头螺旋搅拌过程中形成的负压空间或液压驱动将粉状或泥浆状药剂喷入污染介质中，或使用高压灌浆管来迫使药剂进入污染介质孔隙中。通过安装在输料系统阀端的流量计来检测固化剂的输入速度、掺入量，使其按照预定的比例与污染介质以及污染物进行有效的混合；

③对于固化/稳定化处理过程中释放的气体，通过收集罩输送至处理系统进行无害化处理；

④选择不同的采样工具，对不同深度和位置的修复后样品进行取样分析；

⑤布置长期稳定性监测网络，定期对系统的稳定性和浸出性（地下水）进行监测。

3. 关键技术指标

关键技术指标包括污染介质组成及其浓度特征、污染物组成及空间分布、固化/稳定化药剂配比与用量、场地地质特征、无侧限抗压强度、渗透系数以及污染物浸出特性等。

（1）污染介质组成及其浓度特征：污染介质中可溶性盐类会延长固化剂的凝固时间，并大大降低其物理强度，水分含量决定添加剂中水的添加比例，修复后固体的水力渗透系数会影响到地下水的侵蚀效果。

（2）污染物组成及空间分布：对无机污染物，添加固化/稳定化药剂即可实现非常好的固化/稳定化效果；当无机物和有机物共存时，尤其是存在挥发性有机物（如多环芳烃类）时，则需添加除固化剂以外的添加剂以稳定有机污染物。

（3）污染物位置分布：对于污染物分布在不同深度的场地，需采用不同的机械进行修复。

（4）固化剂组成与用量：固化剂添加比例决定了修复后系统的长期稳定性特征。需根据污染物类型及污染土壤的理化性质来选择固化剂的组成及用量。

（5）场地地质特征：水文地质条件、地下水流速、场地上是否有其他构筑物、场地附近是否有地表水存在，这些都会增加施工难度并对修复后系统的长期稳定性产生较大影响。

（6）无侧限抗压强度：修复后固体材料的抗压强度一般应大于 $50Pa/ft^2$（约合 $538.20Pa/m^2$），材料的抗压强度至少要和周围土壤的抗压强度一致。

（7）渗透系数：衡量固化/稳定化修复后材料的关键因素。渗透系数小于周围土壤时，才不会造成固化体侵蚀和污染物浸出。固化/稳定化后，固化体的渗透系数一般应为 $6 \sim 10cm/s$。

（8）浸出性特征：针对固化/稳定化后土壤的不同的再利用和处置方式，采用合适的浸出方法和评价标准。

4. 技术应用基础和前期准备

在利用该技术进行修复前，应进行相关测试来评估污染场地应用原位固化/稳定化技术的可行性，并为下一步工程设计提供基础参数。具体测试参数包括：

①选择固化/稳定化药剂时，需考虑药剂间的干扰以及化学不兼容性、金属化学因素、处理和再利用的兼容性、成本等因素；②分析所选药剂对其他污染物的影响；③优化药剂添加量；④污染物浸出特征测试；⑤评估污染介质的物理化学均一性；⑥确定药剂添加导致的体积增加量；⑦确定性能评价指标；⑧确定施工参数。

5. 主要实施过程

主要实施过程如下：

（1）土壤预处理，其中包括筛分、调节含水率等；

（2）提前或者现场进行固化/稳定化药剂配制；

（3）采用机械如筛分斗、搅拌机等投加固化/稳定化药剂，使其与土壤混合；

（4）养护、检测、再处置和验收。

6. 修复周期

根据广州市及国内其他地区的现有案例，工程修复时间为 3～4 个月。

7. 优点及缺点（见表1）

表 1　原位固化/稳定化技术的优点及缺点

优点	缺点
• 技术相对成熟 • 应用比较广泛 • 处理时间比较短 • 不需要进行开挖，费用相对较低	• 不能降低污染物总量，治标不治本 • 一般需配合使用阻隔填埋技术，并进行长期监控，整体时间较长 • 修复效果存在不确定性 • 未来存在被扰动的风险

（二）原位化学氧化技术

1. 技术适用性

一般适用于石油烃、苯系物（苯、甲苯、乙苯、二甲苯等）、酚类、甲基叔丁基醚、含氯有机溶剂等污染物。一般不适用于受重金属污染的土壤。

2. 技术介绍

（1）原理：通过向土壤污染区域注入氧化剂，通过氧化作用，使土壤中的污染物转化为无毒或毒性相对较小的物质。常见的氧化剂包括高锰酸盐、过氧化氢、芬顿试剂、过硫酸盐和臭氧等；常见的还原剂有硫化氢、连二亚硫酸钠、亚硫酸氢钠、硫酸亚铁、多硫化钙、二价铁、零价铁等。

（2）系统构成及主要设备。

系统构成主要有药剂制备/储存系统、药剂注入井（孔）、药剂注入系统（注入和搅拌）、监测系统等。

3. 关键技术指标

影响原位化学氧化技术修复效果的关键技术参数包括药剂投加量、污染物类型和质量、土壤均一性、土壤渗透性、地下水水位、pH 和缓冲容量、地下基础设施等。

（1）药剂投加量：药剂的用量由污染物药剂消耗量、土壤药剂消耗量、还原性金属的药剂消耗量等因素决定。由于原位化学氧化技术可能会在地下产生热量，导致土壤中的污染物挥发到地表，因此需控制药剂注入的速率，避免发生过热现象。

（2）污染物类型和质量：不同药剂适用的污染物类型不同。如果存在非水相液体，由于溶液中的氧化剂只能和溶解相中的污染物发生反应，因此反应会限制在氧化剂溶液/非水相液体界面处。如果轻质非水相液体层过厚，建议利用其他技术进行清除。

（3）土壤均一性：非均质土壤中易形成快速通道，使注入的药剂难以接触到全部处理区域，因此均质土壤更有利于药剂的均匀分布。

（4）土壤渗透性：高渗透性土壤有利于药剂的均匀分布，更适合使用原位化学氧化技术。由于药剂难以穿透低渗透性土壤，在处理完成后可能会释放污染物，导致污染物浓度反弹，因此可采用长效药剂（如高锰酸盐、过硫酸盐）来减轻这种反弹。

（5）地下水水位：该技术通常需要一定的压力进行药剂注入，若地下水水位过低，则系统很难达到所需的压力。

（6）pH 和缓冲容量：pH 和缓冲容量会影响药剂的活性，药剂在适宜的 pH 条件下才能发挥最佳的化学反应效果。有时需投加酸以改变 pH 条件，但可能会导致土壤中原有的重金属溶出。

（7）地下基础设施：若存在地下基础设施（如电缆、管道等），则需谨慎使用该技术。

4. 技术应用基础和前期准备

需充分了解原位化学氧化反应原理和传质过程。应用该技术之前，需通过实验室研究确定药剂处理效果和投加量，并进行现场中试试验进一步确定和优化设计参数，确定药剂扩散半径、注药流量、土壤结构分布、污染去除率、反应产物等，并验证药剂配比的可行性。还可以通过建立场地概念模型、反应传质模型等方法对系统的设计和运行加以指导。

进行原位化学氧化系统设计时，需重点考虑注入井布设的间距和深度、药剂注入量、监测井布设的间距和深度等。还要注意工人的培训、化学药剂的安全操作以及修复所产生的废物的管理。

5. 主要实施过程

主要实施过程如下：

（1）化学氧化处理系统建设；

（2）添加修复药剂，并实时监测药剂注入过程中的温度和压力变化；

（3）修复过程监测及参数调整；

（4）验收及长期监测。

6. 修复周期

根据广州市及国内其他地区的现有案例，工程修复时间为 6~8 个月。

7. 优点及缺点（见表 2）

表 2　原位化学氧化技术的优点及缺点

优点	缺点
• 可以快速实施 • 氧化剂和活化途径多样 • 可适用于一系列的地下条件	• 一些污染物存在抗氧化性，修复效果的不确定性相对较大 • 可能出现污染"反弹"和局部污染区域修复不彻底的问题 • 可能会产生有毒有害的中间产物 • 可能存在药剂剩余问题 • 对于黏性土壤的修复效果较差

（三）异位固化/稳定化技术

1. 技术适用性

异位固化/稳定化技术可用于处理重金属、石棉、放射性物质、腐蚀性无机物、氰化物、砷化合物以及农药、石油或多环芳烃类、二噁英、多氯联苯等有机化合物，但不适用于挥发性有机物。

2. 技术介绍

（1）原理：向污染土壤中添加固化/稳定化药剂，经充分混合，使其与污染介质、污染物发生物理、化学作用，将污染土壤固封为结构完整的具有低渗透系数的固化体，或将污染物转化成化学性质不活泼的形态，减少污染物在环境中的迁移和扩散。

（2）系统构成和主要设备。

系统一般构成主要包括土壤预处理系统、固化/稳定化药剂添加和混合搅拌系统、检测验收系统。

主要设备：

①土壤预处理系统主要包括土壤水分调节、土壤破碎、土壤筛分等。涉及的设备主要包括挖掘机、喷淋设备、破碎机、振动筛、筛分斗等。

②固化/稳定化药剂添加和混合搅拌系统的主要设备包括双轴搅拌机、单轴螺旋搅拌机、切割锤击混合式搅拌机等。

3. 关键技术指标

（1）固化/稳定化药剂的种类及添加量：固化/稳定化药剂的成分及添加量将显著影响土壤污染物的稳定效果，可以通过试验确定固化/稳定化药剂的配方和添加量，并考虑一定的安全系数。工程实践中，稳定化药剂添加量大都不高于 5%，国内外应用研究中固化药剂添加量大都不高于 20%。

（2）土壤破碎程度：固化/稳定化药剂能否和土壤充分混合与土壤破碎程度有紧密联系。一般土壤颗粒的最大尺寸不宜大于 5cm。

（3）土壤与固化/稳定化药剂的混匀程度：现场工程师应根据经验判断土壤与固化/稳定化药剂的混匀程度。混合越均匀，固化/稳定化效果越好。

（4）土壤固化/稳定化处理效果评价：稳定化处理后的土壤需进行浸出测试，固化效果评价还需进行无侧限抗压强度测试。

4．技术应用基础和前期准备

该技术的适用性以及修复效果受土壤物理性质、化学特性（有机质含量、pH 值等）、污染特性的影响。为此，应针对不同类型的污染物选择不同的固化/稳定化药剂，并基于土壤类型，研究固化/稳定化药剂的添加量与污染物浸出毒性的相互关系，确定不同污染物浓度的最佳固化/稳定化药剂添加量。

5．主要实施过程

主要实施过程如下：

（1）根据场地污染物空间分布信息进行测量放线，之后开始土壤挖掘；

（2）挖掘出的土壤根据情况进行土壤预处理（水分调节、土壤杂质筛分、土壤破碎等）；

（3）固化/稳定化药剂配制及添加；

（4）土壤与固化/稳定化药剂混合搅拌，土壤养护；

（5）固化/稳定体的监测与处置、验收。

其中，（2）、（3）、（4）也可以在一体式混合搅拌设备中同时完成。

6．优点及缺点（见表3）

表3　异位固化/稳定化技术的优点及缺点

优点	缺点
● 技术成熟 ● 工艺简单 ● 应用广泛 ● 成本较低 ● 处理时间短	● 不能降低污染物总量 ● 一般需配合使用阻隔填埋技术，并进行长期监控，总体所需时间较长 ● 根据规划和地块用途协调落实阻隔回填区域，且未来存在被扰动的风险 ● 对于黏性土壤修复效果较差

（四）异位化学氧化技术

1．技术适用性

本技术可处理的污染物类型包括石油烃、BTEX（苯、甲苯、乙苯、二甲苯）、酚类、甲基叔丁基醚（MTBE）、含氯有机溶剂、多环芳烃、农药等大部分有机物，但一般不适用于受重金属污染的土壤修复。

2．技术介绍

（1）原理：向污染土壤添加氧化剂，通过氧化作用，使土壤中的污染物转化为无毒或毒性相对较小的物质。常见的氧化剂包括高锰酸盐、过氧化氢、芬顿试剂、过硫酸盐和臭氧。

（2）系统构成和主要设备。

系统构成主要包括预处理系统（破碎筛分铲斗、挖掘机、推土机）、药剂混合系统（内搅拌设备或外搅拌设备）和防渗系统（抗渗混凝土结构和防渗膜结构）。

3．关键技术指标

影响异位化学氧化修复效果的关键技术指标包括污染物的性质和浓度、药剂投加比、土壤渗透性、土壤活性还原性物质总量或土壤氧化剂耗量、pH 值、含水率及其他土壤地质化学条件。

（1）土壤活性还原性物质总量：氧化反应中，向污染土壤中投加氧化药剂，除考虑土壤中还原性污染物浓度外，还应兼顾土壤活性还原性物质总量的本底值，将能消耗氧化药剂的所有还原性物质的量加和后计算氧化药剂投加量。

（2）药剂投加比：根据修复药剂与目标污染物反应的化学反应方程式计算理论药剂投加比，并根据实验结果予以校正。

（3）pH 值：根据土壤初始 pH 条件和药剂特性，有针对性地调节土壤 pH 值，一般 pH 值范围为 4.0~9.0。常用的调节方法包括加入硫酸亚铁、硫磺粉、熟石灰、草木灰及缓冲盐类等。

（4）含水率：对于异位化学氧化反应，土壤含水率宜控制在土壤饱和持水能力的 90% 以上。

4．技术应用基础和前期准备

该技术的适用性以及修复效果在一定程度上受土壤物理性质、化学特性、污染特性的影响。

为此，应针对不同类型的污染物，选择适用的氧化剂，并基于土壤类型，研究确定最佳氧化剂添加量。

5．主要实施过程

主要实施过程如下：

（1）土壤挖掘与转运；

（2）土壤预处理（土壤破碎、筛分等）；

（3）氧化药剂配制、添加与混合；

（4）养护、检测、再处置和验收。

6．修复周期

根据广州市及国内其他地区的现有案例，工程修复时间为 6~8 个月。

7．优点及缺点（见表4）

表4　异位化学氧化技术的优点及缺点

优点	缺点
• 技术成熟 • 工艺简单 • 应用广泛 • 成本较低 • 适用的污染物范围较广	• 可能会产生有毒、有害的中间产物 • 需关注药剂残留问题 • 药剂使用不当可能产生安全问题

（五）异位热脱附技术

1. 技术适用性

可处理的污染物类型：石油烃、挥发性有机物、半挥发性有机物、多氯联苯、呋喃、杀虫剂等。

应用限制条件：不适用于腐蚀性有机物、高活性氧化剂和还原剂含量较高的土壤，亦不适用于含有汞、砷、铅等复合污染的土壤。

2. 技术介绍

（1）原理：通过直接或者间接加热，将污染土壤加热至目标污染物的沸点以上，通过控制系统温度和物料停留时间有选择地促使污染物汽化挥发，使目标污染物与土壤颗粒分离、去除。

（2）系统构成和主要设备：主要包括预处理系统、加热脱附系统、尾气处理系统。除上述主要系统外，还应配备净化土壤后处理系统及控制系统等。

①直接热脱附。

加热脱附系统：污染土壤进入热转窑后，与热转窑燃烧器产生的火焰直接接触，部分污染物被直接高温氧化去除；部分污染物被加热至汽化温度转移至气相，达到污染物与土壤分离的目的。

尾气处理系统：富集汽化污染物的尾气通过旋风除尘、二次燃烧、急冷降温、布袋除尘、碱喷淋等环节去除尾气中的污染物。

②间接热脱附。

加热脱附系统：燃烧器产生的火焰均匀加热窑体外部，污染土壤被间接加热至污染物的沸点后，污染物与土壤分离进入废气中，通过燃烧去除。

尾气处理系统：热脱附产生的尾气经尾气处理系统进一步处理后达标排放。

3. 关键参数或指标

影响热脱附修复效果的指标主要包括土壤理化特性和土壤污染特征。

（1）土壤理化特性。

土壤质地：土壤质地一般可划分为砂土、粉土、黏性土。砂土土质疏松，对液体物质的吸附力及保水能力弱，易热脱附。黏性土颗粒细，性质正好相反，污染物较难脱附。

土壤含水率：土壤中水分受热挥发会消耗大量的热量。为保证热脱附的效能，进料土壤的含水率宜低于25%。

土壤粒径分布：最大土壤粒径不宜超过5cm。

（2）土壤污染特征。

污染物浓度：有机污染物浓度过高会增加土壤热值，进而损害热脱附设备，存在爆炸风险，故气相中有机污染物浓度应低于爆炸下限值的25%。一般有机污染物含量高于1%～3%的土壤不适用于直接热脱附系统，可采用间接热脱附处理。

沸点范围：一般直接热脱附处理的土壤温度范围为200～700℃，间接热脱附处理的土壤温度为120～600℃。

4．技术应用基础和前期准备

异位热脱附技术应用前，需要识别土壤污染物的类型及其浓度，了解土壤质地、粒径分布和含水率等参数，同时还需要确定场地信息、处理土壤体积、项目周期和处理目标等。

5．主要实施过程

主要实施过程如下：

（1）土壤清挖与转运；

（2）土壤预处理；

（3）进入热脱附系统处置及尾气处理；

（4）土壤降温除尘、堆置待检；

（5）检测、验收及再处置。

6．修复周期

根据广州市及国内其他地区现有案例，设备安装调试时间为3个月左右，工程修复时间为4~6个月（直接热脱附）。

7．优点及缺点（见表5）

表5　异位热脱附技术的优点及缺点

优点	缺点
• 处理量大 • 修复效率高 • 修复效果好	• 受土壤理化性质（粒径、含水率等）影响较大 • 设备成本高，对小体量的土壤污染修复项目来说经济性较差 • 对预处理的要求较高

（六）阻隔填埋技术

1．技术适用性

可处理的污染物类型：主要适用于重金属、有机污染物及复合污染土壤。

应用限制条件：用于腐蚀性、挥发性较强的污染物时，环境风险相对较大。

2．技术介绍

阻隔填埋技术是指将污染土壤或经过治理后的土壤置于防渗阻隔填埋场内，或通过敷设阻隔层，从而阻断土壤中污染物迁移扩散的途径，将污染土壤与四周环境分离开来，减少污染物与人体接触途径。

3．关键技术参数或指标

影响阻隔填埋技术修复效果的因素主要包括材料的性能、阻隔系统深度、土壤覆盖层厚度等。

（1）阻隔材料应具备以下条件：①不与目标污染物发生不良反应；②防渗透性强；③耐腐蚀；④清洁环保。

（2）阻隔深度：依据监测的地下水水位数据，阻隔层垂直距离需超过不透水层或弱透水层。

（3）覆盖层厚度：需满足防渗阻隔需求。

4．技术应用基础和前期准备

在利用阻隔技术前，应调查清楚场地土壤及污染物特性。广州市大部分污染场地地下水埋藏较浅、交换频繁，施工前还需对场地水文地质情况进行调查，并进行相应的可行性测试，评估是否适用该技术。

5．主要实施过程

主要实施过程如下：

（1）核定阻隔措施的施工边界；

（2）构筑阻隔系统；

（3）设置覆盖系统；

（4）定期对污染阻隔区域进行监测，防止污染渗漏。

6．修复周期

根据广州市及国内其他地区的现有案例，工程实施时间为 2~3 个月。

7．优点及缺点（见表6）

表6　阻隔填埋技术的优点及缺点

优点	缺点
• 技术成熟 • 成本较低 • 应用广泛	需要进行长期的地下水监测，存在污染物泄漏风险

（七）土壤淋洗技术

1．技术适用性

可处理的污染物类型：主要适用于重金属和部分半挥发性有机污染物。

应用限制条件：不适用于含有挥发性有机污染物或污染废渣的土壤。

2．技术介绍

（1）原理：污染物主要集中分布于较细的土壤颗粒上，土壤淋洗是采用物理分离或增效淋洗等手段，通过添加水或合适的增效剂，分离重污染土壤组分或使污染物从土壤相转移到液相的技术。经过淋洗处理，可以有效地减少污染土壤的处理量，实现减量化。

（2）系统构成。

土壤淋洗处理系统一般包括土壤预处理系统、物理分离系统、淋洗系统、废水处理及回用系统等。具体场地修复中可选择单独使用物理分离系统或联合使用物理分离系统和增效淋洗系统。

3．关键技术参数或指标

关键技术参数包括土壤细粒含量、污染物的性质和浓度、水土比、淋洗时间、淋洗次数、增效剂的选择及淋洗废水的处理等。

4．技术应用基础和前期准备

技术应用前期需要了解土壤粒径组成、土壤类型、土壤质地和含水率、污染物类型和浓度、土壤有机质含量、土壤阳离子交换量、土壤 pH 及缓冲容量等。

5. 主要实施过程

主要实施过程如下：

（1）污染土壤清挖及预处理；

（2）经过物理分离系统，得到清洁物料（粗颗粒和砂粒）；

（3）分离后的细颗粒进入泥浆处理系统进行沉淀和压滤处理，泥饼根据污染物性质选择最终处理方式；

（4）定期采集粗颗粒、砂粒及土壤样品进行分析，掌握污染物去除效率；

（5）淋洗系统废水需要收集处理后回用或达标排放。

6. 修复周期

根据广州市及国内其他地区的现有案例，工程修复时间为 3~4 个月。

7. 优点及缺点（见表 7）

表 7　土壤淋洗技术的优点及缺点

优点	缺点
• 实施费用较低 • 可有效降低污染土壤处理量	需要进行长期的地下水监测，存在污染物泄漏风险

（八）水泥窑协同处置技术

1. 技术适用性

主要适用于挥发及半挥发性有机污染物（如石油烃、农药、多环芳烃、多氯联苯等）、重金属等。

2. 技术介绍

水泥窑协同处置技术的原理是利用水泥窑内的高温、气体停留时间长、热容量大、热稳定性好、碱性环境、无废渣排放等特点，在生产水泥熟料的同时，焚烧固化处理污染土壤。

3. 关键技术参数或指标

影响水泥窑协同处置效果的因素包括水泥回转窑的系统配置，污染土壤中的碱性物质含量，重金属污染物初始浓度，氯、氟和硫元素含量，污染土壤添加量等。

4. 技术应用基础和前期准备

在利用水泥窑协同处置污染土壤前，需要分析各批次污染土壤的污染物质成分及其含量。分析指标包括：污染土壤的含水率、成分，碱性物质含量，重金属含量，污染物质成分，氯、氟、硫元素含量。根据生产水泥质量要求，综合确定污染土壤的投加比例。

5. 主要实施过程

主要实施过程如下：

（1）污染土壤清挖及外运；

（2）在密闭环境下进行预处理（控制入窑土壤粒径大小及含水率）；

（3）对污染土壤进行检测，计算污染土壤添加量；

（4）将污染土壤运送至喂料点，送入腰围室高温段进行处置；

（5）尾气处理。

6. 修复周期

修复周期受污染土壤添加比例、水泥产能产量及水泥厂协同情况影响较大。根据广州市及国内其他地区的现有案例，工程修复时间为 6~8 个月。

7. 优点及缺点（见表 8）

表 8 水泥窑协同处置技术的优点及缺点

优点	缺点
• 技术相对成熟 • 适用性强 • 可彻底清除有机污染物 • 可实现资源化	• 处理量相对较少 • 对于体量较小的土壤污染修复项目，需协调水泥厂进行处置 • 处理能力小，效率较低

附录2 土壤修复工程（原位固化/稳定化技术）报价清单模板

土壤修复工程（原位固化/稳定化技术）报价清单

序号	工程或费用名称	项目描述	单位	数量	单价	费用/万元	备注
一	措施费用						
1	前期措施费用						
1.1	临时设施费		项				
1.2	临时道路建设		m^2				
2	二次污染防治措施						
2.1	洒水喷淋装置		m				
2.2	洗车槽废水处理		m^3				
2.3	废水处理过程中产生的危废处置		t				交由具备危废处置资质的单位进行处理
2.4	洗车池		个				
2.5	排水沟、截水沟		m				
2.6	三级沉淀池		个				
2.7	集水井		个				
2.8	筛上物冲洗		m^3				
3	二次污染防治措施其他费用		项				
二	设备安装工程						
4	设备安装工程						
4.1	药剂调配及输料系统		套				
4.2	一体化废水处理设备安装		套				

序号	工程或费用名称	项目描述	单位	数量	单价	费用/万元	备注
三	污染土处理工程						
5	污染土处理工程（原位固化/稳定化）						
5.1	原地原位固化/稳定化修复		m³				
6	小计						
四	工程监理及环境监理费用						
7	工程监理费用		项				
8	环境监理费（含环境监测费）		项				
五	效果评估费用						
9	效果评估服务费		项				
10	效果评估监测、检测费		项				
六	造价咨询费用		项				
七	不可预见费用		项				
八	代建管理费		项				
九	其他项目费用						
11	修复方案评审费		项				
12	修复总结报告编制评审		项				
13	小试、中试试验		项				
项目费用合计							

附录 3 土壤修复工程（原位化学氧化技术）报价清单模板

土壤修复工程（原位化学氧化技术）报价清单

序号	工程或费用名称	项目描述	单位	数量	单价	费用/万元	备注
一	措施费用						
1	前期措施费用						
1.1	临时设施费		项				
1.2	临时道路建设		m²				
2	二次污染防治措施						
2.1	洒水喷淋装置		m				
2.2	洗车槽废水处理		m³				
2.3	废水处理过程中产生的危废处置		t				交由具备危废处置资质的单位进行处理
2.4	洗车池		个				
2.5	排水沟、截水沟		m				
2.6	三级沉淀池		个				
2.7	集水井		个				
2.8	筛上物冲洗		m³				
3	二次污染防治措施其他费用		项				
二	设备安装工程						
4	设备安装工程						
4.1	药剂调配及输料系统		套				
4.2	一体化废水处理设备安装		套				

序号	工程或费用名称	项目描述	单位	数量	单价	费用/万元	备注
三	污染土处理工程						
5	污染土处理工程（原位化学氧化）						
5.1	原地原位化学氧化修复		m³				
6	小计						
四	工程监理及环境监理费用						
7	工程监理费用		项				
8	环境监理费（含环境监测费）		项				
五	效果评估费用						
9	效果评估服务费		项				
10	效果评估监测、检测费		项				
六	造价咨询费用		项				
七	不可预见费用		项				
八	代建管理费		项				
九	其他项目费用						
11	修复方案评审费		项				
12	修复总结报告编制评审		项				
13	小试、中试试验		项				
项目费用合计							

附录4 土壤修复工程（异位固化/稳定化技术）报价清单模板

土壤修复工程（异位固化/稳定化技术）报价清单

序号	工程或费用名称	项目描述	单位	数量	单价	费用/万元	备注
一	措施费用						
1	前期措施费用						
1.1	临时设施费		项				
1.2	临时道路建设		m^2				
2	二次污染防治措施						
2.1	裸土覆盖		m^2				
2.2	暂存区、修复区域地面硬化（含防渗）		m^2				
2.3	洒水喷淋装置		m				
2.4	尾气处理		m^3				
2.5	洗车槽废水处理		m^3				
2.6	废气处理及废水处理过程中产生的危废处置		t				
2.7	监测井成井费用		个				
2.8	洗车池		个				
2.9	排水沟、截水沟		m				
2.10	三级沉淀池		个				
2.11	集水井		个				
2.12	筛上物冲洗		m^3				
3	二次污染防治措施其他费用		项				

序号	工程或费用名称	项目描述	单位	数量	单价	费用/万元	备注
二	土方工程						
4	普通土方工程						
4.1	平整场地		m^2				
4.2	挖基坑土方		m^3				
4.3	回填方		m^3				
4.4	土方场内运输		m^3				
5	污染土方工程						
5.1	挖基坑污染土方		m^3				
5.2	污染土方场内运输		m^3				
5.3	修复后污染土回填		m^3				
5.4	回填土分层夯实		m^3				
5.5	污染土堆高		m^3				
三	基坑与边坡支护						
6	基坑与边坡支护						
6.1	打拔钢板桩		m				
6.2	拉森钢板桩支撑		t				
四	污染土处理工程						
7	土壤预处理工程						
7.1	土壤破碎筛分		m^3				
7.2	土方调节含水率		m^3				
8	污染土处理工程（固化/稳定化）						
8.1	固化/稳定化药剂混合搅拌修复污染土		m^3				
8.2	土壤养护		m^3				
8.3	修复大棚搭建		项				

续上表

序号	工程或费用名称	项目描述	单位	数量	单价	费用/万元	备注
五	设备安装工程						
9	一体化废水处理设备安装		套				
10	废（尾）气处理系统安装		套				
11	小计						
六	工程监理及环境监理费用						
12	工程监理费用		项				
13	环境监理费（含环境监测费）		项				
七	效果评估费用						
14	效果评估服务费		项				
15	效果评估监测、检测费		项				
八	造价咨询费用		项				
九	不可预见费用		项				
十	代建管理费		项				
十一	其他项目费用						
16	小试试验						
17	修复方案评审费		项				
18	修复总结报告编制评审		项				
	项目费用合计						

附录5　土壤修复工程（异位化学氧化技术）报价清单模板

土壤修复工程（异位化学氧化技术）报价清单

序号	工程或费用名称	项目描述	单位	数量	单价	费用/万元	备注
一	措施费用						
1	前期措施费用						
1.1	临时设施费		项				
1.2	临时道路建设		m²				
2	二次污染防治措施						
2.1	裸土覆盖		m²				
2.2	暂存区、修复区域地面硬化（含防渗）		m²				
2.3	洒水喷淋装置		m				
2.4	尾气处理		m³				
2.5	洗车槽废水处理		m³				
2.6	废气处理及废水处理过程中产生的危废处置		t				
2.7	监测井成井费用		个				
2.8	洗车池		个				
2.9	排水沟、截水沟		m				
2.10	三级沉淀池		个				
2.11	集水井		个				
2.12	筛上物冲洗		m³				
3	二次污染防治措施其他费用		项				

续上表

序号	工程或费用名称	项目描述	单位	数量	单价	费用/万元	备注
二	土方工程						
4	普通土方工程						
4.1	平整场地		m^2				
4.2	挖基坑土方		m^3				
4.3	回填方		m^3				
4.4	土方场内运输		m^3				
5	污染土方工程						
5.1	挖基坑污染土方		m^3				
5.2	污染土方场内运输		m^3				
5.3	修复后污染土回填		m^3				
5.4	回填土分层夯实		m^3				
5.5	污染土堆高		m^3				
三	基坑与边坡支护						
6	基坑与边坡支护						
6.1	打拔钢板桩		m				
6.2	拉森钢板桩支撑		t				
四	污染土处理工程						
7	土壤预处理工程						
7.1	土壤破碎筛分		m^3				
7.2	土方调节含水率		m^3				
8	污染土处理工程（异位化学氧化）						
8.1	化学氧化修复		m^3				
8.2	土壤养护		m^3				
8.3	修复大棚搭建		项				

序号	工程或费用名称	项目描述	单位	数量	单价	费用/万元	备注
五	设备安装工程						
9	一体化废水处理设备安装		套				
10	废（尾）气处理系统安装		套				
11	小计						
六	工程监理及环境监理费用						
12	工程监理费用		项				
13	环境监理费（含环境监测费）		项				
七	效果评估费用						
14	效果评估服务费		项				
15	效果评估监测、检测费		项				
八	造价咨询费用		项				
九	不可预见费用		项				
十	代建管理费		项				
十一	其他项目费用						
16	小试试验						
17	修复方案评审费		项				
18	修复总结报告编制评审		项				
项目费用合计							

附录6 土壤修复工程（异位热脱附技术）报价清单模板

土壤修复工程（异位热脱附技术）报价清单

序号	工程或费用名称	项目描述	单位	数量	单价	费用/万元	备注
一	措施费用						
1	前期措施费用						
1.1	临时设施费		项				
1.2	临时道路建设		m²				
2	二次污染防治措施						
2.1	裸土覆盖		m²				
2.2	暂存区、修复区域地面硬化（含防渗）		m²				
2.3	洒水喷淋装置		m				
2.4	尾气处理		m³				
2.5	洗车槽废水处理		m³				
2.6	废气处理及废水处理过程中产生的危废处置		t				
2.7	监测井成井费用		个				
2.8	洗车池		个				
2.9	排水沟、截水沟		m				
2.10	三级沉淀池		个				
2.11	集水井		个				
2.12	筛上物冲洗		m³				
3	二次污染防治措施其他费用		项				

序号	工程或费用名称	项目描述	单位	数量	单价	费用/万元	备注
二	土方工程						
4	普通土方工程						
4.1	平整场地		m^2				
4.2	挖基坑土方		m^3				
4.3	回填方		m^3				
4.4	土方场内运输		m^3				
5	污染土方工程						
5.1	挖基坑污染土方		m^3				
5.2	污染土方场内运输		m^3				
5.3	修复后污染土回填		m^3				
5.4	回填土分层夯实		m^3				
5.5	污染土堆高		m^3				
三	基坑与边坡支护						
6	基坑与边坡支护						
6.1	打拔钢板桩		m				
6.2	拉森钢板桩支撑		t				
四	污染土处理工程						
7	土壤预处理工程						
7.1	土壤破碎筛分		m^3				
7.2	土方调节含水率		m^3				
8	污染土处理工程（异位热脱附）						
8.1	异位热脱附		m^3				
8.2	土壤养护		m^3				
8.3	修复大棚搭建		项				

序号	工程或费用名称	项目描述	单位	数量	单价	费用/万元	备注
五	设备安装工程						
9	一体化废水处理设备安装		套				
10	废（尾）气处理系统安装		套				
11	小计						
六	工程监理及环境监理费用						
12	工程监理费用		项				
13	环境监理费（含环境监测费）		项				
七	效果评估费用						
14	效果评估服务费		项				
15	效果评估监测、检测费		项				
八	造价咨询费用		项				
九	不可预见费用		项				
十	代建管理费		项				
十一	其他项目费用						
16	小试试验						
17	修复方案评审费		项				
18	修复总结报告编制评审		项				
	项目费用合计						

附录7 土壤修复工程（水泥窑协同处置技术）报价清单模板

土壤修复工程（水泥窑协同处置技术）报价清单

序号	工程或费用名称	项目描述	单位	数量	单价	费用/万元	备注
一	措施费用						
1	前期措施费用						
1.1	临时设施费		项				
1.2	临时道路建设		m^2				
2	二次污染防治措施						
2.1	裸土覆盖		m^2				
2.2	暂存区地面硬化（含防渗）		m^2				
2.3	洒水喷淋装置		m				
2.4	尾气处理		m^3				
2.5	洗车槽废水处理		m^3				
2.6	废气处理及废水处理过程中产生的危废处置		t				
2.7	监测井成井费用		个				
2.8	筛上物冲洗		m^3				
3	二次污染防治措施其他费用		项				
二	土方工程						
4	普通土方工程						
4.1	平整场地		m^2				
4.2	挖基坑土方		m^3				
4.3	土方场内运输		m^3				

序号	工程或费用名称	项目描述	单位	数量	单价	费用/万元	备注
5	污染土方工程						
5.1	挖基坑污染土方		m^3				
5.2	污染土方场内运输		m^3				
5.3	修复后污染土回填		m^3				
5.4	回填土分层夯实		m^3				
5.5	污染土堆高		m^3				
三	基坑与边坡支护						
6	基坑与边坡支护						
6.1	打拔钢板桩		m				
6.2	拉森钢板桩支撑		t				
四	污染土处理工程						
7	土壤预处理工程						
7.1	土壤破碎筛分		m^3				
7.2	土方调节含水率		m^3				
8	污染土处理工程（水泥窑协同处置）						
8.1	水泥窑协同处置费用		项				
五	设备安装工程						
9	一体化废水处理设备安装		套				
10	废（尾）气处理系统安装		套				
11	小计						

续上表

序号	工程或费用名称	项目描述	单位	数量	单价	费用/万元	备注
六	工程监理及环境监理费用						
12	工程监理费用		项				
13	环境监理费（含环境监测费）		项				
七	效果评估费用						
14	效果评估服务费		项				
15	效果评估监测、检测费		项				
八	造价咨询费用		项				
九	不可预见费用		项				
十	代建管理费		项				
十一	其他项目费用						
16	修复方案评审费		项				
17	修复总结报告编制评审		项				
	项目费用合计						

附录8 土壤修复工程（土壤淋洗技术）报价清单模板

土壤修复工程（土壤淋洗技术）报价清单

序号	工程或费用名称	项目描述	单位	数量	单价	费用/万元	备注
一	措施费用						
1	前期措施费用						
1.1	临时设施费		项				
1.2	临时道路建设		m²				
2	二次污染防治措施						
2.1	裸土覆盖		m²				
2.2	暂存区、修复区域地面硬化（含防渗）		m²				
2.3	洒水喷淋装置		m				
2.4	尾气处理		m³				
2.5	洗车槽废水处理		m³				
2.6	废气处理及废水处理过程中产生的危废处置		t				
2.7	监测井成井费用		个				
2.8	洗车池		个				
2.9	排水沟、截水沟		m				
2.10	三级沉淀池		个				
2.11	集水井		个				
2.12	筛上物冲洗		m³				
3	二次污染防治措施其他费用		项				

续上表

序号	工程或费用名称	项目描述	单位	数量	单价	费用/万元	备注
二	土方工程						
4	普通土方工程						
4.1	平整场地		m^2				
4.2	挖基坑土方		m^3				
4.3	回填方		m^3				
4.4	土方场内运输		m^3				
5	污染土方工程						
5.1	挖基坑污染土方		m^3				
5.2	污染土方场内运输		m^3				
5.3	修复后污染土回填		m^3				
5.4	回填土分层夯实		m^3				
5.5	污染土堆高		m^3				
三	基坑与边坡支护						
6	基坑与边坡支护						
6.1	打拔钢板桩		m				
6.2	拉森钢板桩支撑		t				
四	污染土处理工程						
7	土壤预处理工程						
7.1	土壤破碎筛分		m^3				
7.2	土方调节含水率		m^3				
8	污染土处理工程（土壤淋洗）						
8.1	钢结构修复大棚建设		项				
8.2	土壤淋洗		m^3				

序号	工程或费用名称	项目描述	单位	数量	单价	费用/万元	备注
五	设备安装工程						
9	一体化废水处理设备安装		套				
10	废（尾）气处理系统安装		套				
11	小计						
六	工程监理及环境监理费用						
12	工程监理费用		项				
13	环境监理费（含环境监测费）		项				
七	效果评估费用						
14	效果评估服务费		项				
15	效果评估监测、检测费		项				
八	造价咨询费用		项				
九	不可预见费用		项				
十	代建管理费		项				
十一	其他项目费用						
16	小试、中试试验		项				
17	修复方案评审费		项				
18	修复总结报告编制评审		项				
	项目费用合计						

附录9 土壤修复工程（阻隔填埋技术）报价清单模板

土壤修复工程（阻隔填埋技术）报价清单

序号	工程或费用名称	项目描述	单位	数量	单价	费用/万元	备注
一	措施费用						
1	前期措施费用						
1.1	临时设施费		项				
1.2	临时道路建设		m²				
2	二次污染防治措施						
2.1	裸土覆盖		m²				
2.2	暂存区、修复区域地面硬化（含防渗）		m²				
2.3	洒水喷淋装置		m				
2.4	尾气处理		m³				
2.5	洗车槽废水处理		m³				
2.6	废气处理及废水处理过程中产生的危废处置		t				
2.7	监测井成井费用		个				
2.8	洗车池		个				
2.9	排水沟、截水沟		m				
2.10	三级沉淀池		个				
2.11	集水井		个				
2.12	筛上物冲洗		m³				
3	二次污染防治措施其他费用		项				

续上表

序号	工程或费用名称	项目描述	单位	数量	单价	费用/万元	备注
二	土方工程						
4	普通土方工程						
4.1	平整场地		m^2				
4.2	挖基坑土方		m^3				
4.3	回填方		m^3				
4.4	土方场内运输		m^3				
5	污染土方工程						
5.1	挖基坑污染土方		m^3				
5.2	污染土方场内运输		m^3				
5.3	修复后污染土回填		m^3				
5.4	回填土分层夯实		m^3				
5.5	污染土堆高		m^3				
三	基坑与边坡支护						
6	基坑与边坡支护						
6.1	打拔钢板桩		m				
6.2	拉森钢板桩支撑		t				
四	污染土处理工程						
7	污染土处理工程（阻隔填埋技术）						
7.1	阻隔回填区建设		m^2				
7.2	两布一膜铺设		m^2				
五	设备安装工程						
8	一体化废水处理设备安装		套				

序号	工程或费用名称	项目描述	单位	数量	单价	费用/万元	备注
9	废（尾）气处理系统安装		套				
10	小计						
六	工程监理及环境监理费用						
11	工程监理费用		项				
12	环境监理费（含环境监测费）		项				
七	效果评估费用						
13	效果评估服务费		项				
14	效果评估监测、检测费		项				
八	造价咨询费用		项				
九	不可预见费用		项				
十	代建管理费		项				
十一	其他项目费用						
15	小试、中试试验		项				
16	修复方案评审费		项				
17	修复总结报告编制评审		项				
	项目费用合计						

参 考 文 献

［1］中华人民共和国环境保护部，中华人民共和国国土资源部. 全国土壤污染状况调查公报［J］. 环境教育，2014（6）：8 – 10.

［2］吴现立. 工程造价控制与管理［M］. 武汉：武汉理工大学出版社，2008.

［3］张晓波. 公路工程施工定额的编制和应用［M］. 北京：人民交通出版社，2001.

［4］申玲，于凤光. 工程造价计价［M］. 北京：知识产权出版社，2011.

［5］王建国，杨林章，艳红. 模糊数学在土壤质量评价中的应用研究［J］. 土壤学报，2001（2）：176 – 183.

［6］刘思峰. 灰色系统理论及其应用（第 4 版）［M］. 北京：科学出版社，2008.